葡萄园
营养与肥水科学管理

PUTAOYUAN YINGYANG YU
FEISHUI KEXUE GUANLI

杜国强　师校欣　编著

U0256212

中国农业出版社

前　言

　　有关"营养"一词已广为人知，日常生活中我们经常会听到人们谈论我们的饮食营养，它是人类身体健康的保证。同样道理，植物的饮食"营养"，即土壤中矿质元素的种类、数量和比例对植物的生长发育、开花结实也起着重要的作用。

　　葡萄适应性强，经济效益高，在我国栽培广泛。尤其是随着设施栽培、避雨栽培、限根栽培等方式的普及推广，葡萄在我国南北方几乎各种立地条件下均有栽培。而我国在葡萄园建园前的园地选择、土壤改良等基础工作方面极为欠缺，使得葡萄园栽培管理过程中土壤管理、肥水供应凸显重要，这也是我国许多葡萄园生产水平低的主要原因之一。

　　葡萄是多年生藤本植物，对营养的吸收利用依年生长发育规律具有季节性，同时又有贮藏性、连续性。秋季贮藏营养提供翌年早春葡萄的萌芽、抽枝、开花、坐果大部分的养分需求。累积贮藏营养又使得树体在养分少量缺乏时得以缓冲，树体并不表现明显的缺素症状，我们可称之处于"亚健康"状态。一旦树体表

1

现出缺素症状，则需要比常规用量更多的营养才能矫正，且难度较大。因此，加强葡萄园营养分析，掌握其营养状态，以防为主，在植株处于"亚健康"状态时及时进行矫正，则可事半功倍。

健壮的树体和平衡的树势是实现葡萄优质果品生产目标的基础。葡萄树体长势过弱或过旺均为不健康生长，民间"肥大水勤，不用问人"的观点不适宜葡萄优质生产。葡萄园肥水的合理施用是调控葡萄树势平衡的主要措施。

本书理论、实际相结合，较为系统地介绍了葡萄养分吸收、利用规律，葡萄园各种常用肥料特点及使用方法，葡萄园营养与肥水应用的新理念，竭力为广大葡萄栽培者服务，可供从事于葡萄研究、生产者阅读参考。

由于编著者水平所限，书中难免有遗漏、差错，或存在局限性和片面性，不妥之处恳请读者及同行专家批评指正，不胜感激！

编著者

2013 年 8 月

目 录

一、概　述

（一）葡萄栽培意义

葡萄在世界果品生产中，产量及栽培面积一直居于前列，是重要的落叶果树树种之一。据国际葡萄及葡萄酒组织资料，2011年世界葡萄栽培面积约为758.5万公顷，葡萄总产量约为6 917万吨。葡萄栽培面积较大的前五国依次为西班牙、法国、意大利、中国和土耳其。世界鲜食葡萄总产量为2 230万吨，其中中国的鲜食葡萄产量稳居世界第一，约占全球的27%。

葡萄果实不仅味美可口，而且营养价值较高。成熟的浆果含水分65%～88%，糖10%～25%，各种有机酸0.5%～1.4%，蛋白质0.15%～0.90%，果胶0.3%～0.5%，以及多种对人体有益的矿物质和维生素。葡萄果实中糖以葡萄糖为主，易吸收并具有医疗价值。李时珍在《本草纲目》中对葡萄的医疗价值评价较高："主治筋骨湿痹，益气倍力强志，令人肥健，耐饥忍风寒"，"根及藤叶煮浓汁细饮，止呕哕及霍乱后恶心，孕妇子上冲心，饮之即下，胎安"。生食葡萄卷须可以止泻。

葡萄进入结果期早，经济寿命长，产量高。一般在定植后第二年可开始结果，第3～4年即可获得可观的产量。葡萄对风土的适应性很强，具有较强的抗盐碱、耐瘠薄能力，盐碱地、沙荒地或山薄地经过适当改良后，都能成功地进行葡萄栽培，同时具有改良生态环境的功效。葡萄枝蔓软，可随架式作形，是用于园林绿化、长廊中栽植的重要树种之一。因此，因地制宜地发展葡萄栽培，将有利推动社会经济发展和生态环境改善。

（二）葡萄栽培发展趋势

葡萄大体分布在世界北纬 20°～52°和南纬 30°～45°的区域，我国葡萄主要分布于 23°～52°的地区。

近年来随着人民生活水平的提高和对葡萄营养价值的认识，对葡萄需求量日益增加，大大促进了我国葡萄产业发展。葡萄栽培模式、栽培理念呈现出与以往显著不同的趋势。适应于广大消费者对果实质量要求的不断提高，葡萄栽培正在从产量为主型向果实品质为主型方向转变；满足季节市场需求、追求经济效益，促使葡萄设施栽培面积逐年扩大；新的栽培技术，如避雨栽培、限根栽培等方式不断创新；节水灌溉、配方施肥、葡萄园生草制逐渐被广泛应用。葡萄树体营养状况与果实品质性状密切相关，健壮的树体和平衡的树势是生产优质果品的基础，只有深入了解葡萄营养特点、合理施用肥水，才能实现葡萄的优质、丰产栽培，取得较高的经济效益。

二、葡萄树体营养特点

葡萄为多年生藤本植物。广义地说，植物营养必需的全部物质都是营养物质，狭义地讲营养物质是由土壤无机元素形成的无机化合物（矿物质）。葡萄养分吸收和利用状况在多方面影响葡萄生长与结果，如枝蔓生长势、成熟度、花芽分化、坐果率、果实品质与产量等，在葡萄优质、高效栽培管理中起着重要的作用。健康的葡萄植株需要充足、比例均衡且适时的矿质营养供应，整体营养不足或某种（些）元素的缺乏造成的比例不均衡以及不同生育阶段（物候期）养分供应不适，不但可造成葡萄树势不稳、产量不稳、缺素症严重、果实品质差等现象发生，还会影响葡萄对病虫的抗病抗虫性。因此，营养调控不但是葡萄栽培管理中一项重要技术措施，而且是葡萄病虫害防治的基础。

葡萄矿质营养主要来自根系的吸收，因此土壤养分的供应对植株吸收是至关重要的，同时养分吸收还与葡萄根系生长特点、土壤水分状况、葡萄需肥规律等因素密切相关，了解这些特点对合理施肥、浇水，培养健壮的有利生产高品质果实的葡萄株系具有重要的指导作用。

（一）葡萄的根系及对养分的吸收利用

葡萄根系庞大，可广泛、深入不同层次土壤吸收养分，同时由于根系长期生长在同一个土壤空间，从中吸收养分，往往造成局部根域的养分亏缺，对于难移动的养分的吸收则更不利，因而缺素症相对大田作物较常见。目前我国葡萄生产主要仍采用自根苗，有部分嫁接苗应用，砧木的应用是今后葡萄生产发展方向。不同砧木间

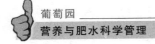

对于营养吸收存在显著差异，针对本地区土壤条件选择适宜砧木类型，对克服地域性较强的缺素症具有重要意义。

(二) 葡萄多年生特性与贮藏养分特点

葡萄为多年生藤本植物，在根和枝蔓中贮藏有大量的营养物质，有碳水化合物、含氮物质和矿质元素。这些贮藏物质在夏末秋初由叶向枝干、根系回运，早春又由贮藏器官向新生长点调运，供应前期芽的继续分化和萌芽、枝叶生长发育的需求。贮藏营养物质对于保证树体健壮、丰产和稳产都具有重要作用。对于成龄结果树，在土壤中已发生营养缺乏的情况下，还可能连续几年表现"正常"生长，并且继续结果。但当缺素症一旦明显地表现，则需多年的努力才能逐渐矫正过来。

(三) 葡萄年周期不同生育期需肥特点

葡萄年生长周期经历萌芽、开花、坐果、果实发育、果实成熟等过程，在不同物候期因生育特性的不同，对养分种类及量的需求亦表现不同（图1）。

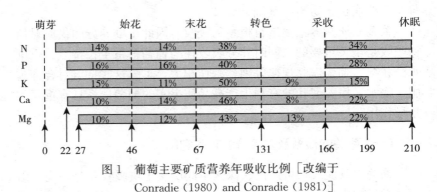

图1　葡萄主要矿质营养年吸收比例〔改编于
Conradie (1980) and Conradie (1981)〕

从图1中可以看出，葡萄营养元素的吸收自萌芽后不久即开始，吸收量逐渐增加，分别在末花期至转色期和采收后至休眠前有两个吸收高峰，高峰期的出现和葡萄根系生长高峰期正好吻合，说明葡萄新根发生与生长和营养吸收密切相关。其中在末花期至转色期所吸收的营养元素主要用于当年枝叶生长、果实发育、形态建成等，在采收期至休眠前吸收的营养元素主要用于贮藏养分的生成与积累。

（四）树体营养与生长结实的关系

良好的营养物质供应是植物生长、发育、结实的基础。随植物叶内的营养物质含量的变化，植物产量呈现一定的变化规律（图2），在叶内营养物质含量较少时，即缺乏区，随叶内营养物质含量增加，产量急剧增加，达最大产量的80%后，增产趋势渐缓（过渡区），随后进入营养适宜期，营养可满足植物达到最大产量的需求。但当叶中某种（些）元素过量后（毒害区），往往由于元素间的不平衡，导致产量或品质的下降。

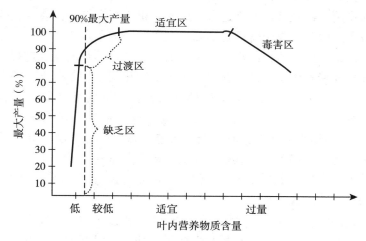

图 2　植物叶内营养含量与生长、产量关系

三、营养元素在葡萄生长发育中的作用与缺素症

（一）营养元素在葡萄生长发育中的作用

1. 氮（N）

氮是保证葡萄正常生长结果最主要的元素之一，是原生质和酶的必要成分，有机含氮物的主要成分。氮能调节生长及结实，当其他的任何一种元素缺乏时也不会和缺氮一样很快地引起生长的停止，任何一种元素作为肥料施入土壤时也不能像氮一样迅速而明显地起作用，甚至其他元素过量地施入，也不能和氮一样表现出相反的效果。因此，氮肥管理是葡萄施肥管理中的重点。

氮肥之所以能提高产量是由于氮素能延迟叶片的衰老进程，提高叶片叶绿素含量，使植株保持较大的同化面积，制造更多的有机物。供氮充足时可以大大促进植株或群体的光合总产量，但若大量、过量施氮，可使叶片生长和发育过速，叶片内的含氮量"稀释"，并增加其他元素相对缺乏的可能性；同时枝叶旺长导致相互遮阴，光合效率下降，且枝叶旺长消耗大量营养，不利于养分贮藏积累等，产生众多副作用。不仅影响树体生长与结果，还导致病害加重和生理病害出现。

葡萄吸收氮主要有硝态氮（NO_3^-）和铵态氮（NH_4^+）两种形式。通常硝态氮可以被葡萄直接吸收利用，但其极易被淋溶而损失掉；铵态氮的吸收较缓慢，且需经硝化作用转化成硝态氮。

葡萄氮素的吸收有两个明显的高峰阶段，自萌芽后逐渐开始，在末花后至转色期前达到高峰，之后吸收量有所下降，在果实采收后到休眠前出现第二次吸收高峰。在第二次吸收高峰期植株所吸收

的氮量占全年吸收量的34％，可供来年早春树体萌芽、抽枝展叶、花芽分化、开花等之用。研究表明，萌芽时树体贮藏养分中的氮60％是在头一年果实采收后吸收的，因此，秋季补充氮肥对葡萄优质丰产至关重要。

[缺氮症状及发生特点] 氮素缺乏常表现植株生长受阻、叶片失绿黄化、叶柄和穗轴呈粉红或红色等，氮在植物体内移动性强，可从老龄组织中转移至幼嫩组织中，因此，老叶通常会较早表现出缺素症状。氮素过量则表现为枝梢旺长、叶色深绿、果实成熟期推迟、果实着色差、风味淡等。

[防治措施] 在增施有机肥提高土壤肥力的基础上，葡萄生产上一般可在三个时期补充氮素化肥，即萌芽期、末花期后、果实采收后。每667米^{2}施尿素30～40千克或相当氮素含量的其他氮素化肥。

2. 磷（P）

磷元素参与生物基本代谢与合成，在能量代谢及遗传方面起重要作用，促进碳水化合物的运转等。磷元素以磷酸根离子形式供植物吸收利用，有单价磷酸根离子（$H_2PO_4^-$）和二价磷酸根离子（HPO_4^{2-}），土壤中磷酸根离子态受土壤pH影响，当pH小于7时，呈$H_2PO_4^-$态，pH大于7时呈HPO_4^{2-}态，通常单价磷酸根离子（$H_2PO_4^-$）为主要吸收态。土壤中磷易被吸附固定而成不被植物利用状态，为缺素症发生的主要因素之一，改良土壤可使被吸附固定的磷重新被释放而被植物利用。磷在植物体内移动性良好，可再利用。

[缺磷症状及发生特点] 葡萄植株缺乏磷元素时表现叶片较小、叶色暗绿、花序小、果粒少、果实小、单果重小、产量低、果实成熟期推迟等，一般对生殖生长的影响早于营养生长表现。磷元素过量时则可影响植株对锌、铁、硼、锰的吸收。

葡萄植株根系从萌芽后3周开始吸收磷元素，此时新梢生长所需的磷元素仍来自根系中的贮藏营养。至转色期，根系大量吸收磷元素，供应当年新梢生长、果实发育之需，并于转色期前5周开始

在根系中贮藏部分磷元素。葡萄根系第二次磷吸收高峰亦发生在果实采收后至落叶休眠前，此时吸收的磷元素主要用于贮藏，修剪后根系中的磷含量占全株的 81.1%。

磷元素吸收受砧木种类影响很大，砧木 Freedom 和 110 Richter 相对于 Aramon Rupestris Ganzin 和 Rupestris St George 吸收磷较多，更适宜于在低磷土壤上应用。

[防治措施] 葡萄磷元素的补充仍以土壤施入为主，在增施有机肥的基础上，宜在花期前后和果实采收后施入适当化肥，可选用磷酸铵、磷酸二氢钾或含磷的果树专用肥料等。每 667 米² 施过磷酸钙 10～15 千克或相当磷素的其他磷肥。

3. 钾（K）

钾与碳水化合物的形成、积累和运转有关，可提高果实含糖量、降低含酸量，促进芳香物质和色素的形成，有利浆果成熟，同时对细胞壁加厚和提高细胞液浓度有良好的作用，从而促进枝蔓成熟，加强养分的贮藏和积累，提高抗病力和抗寒性。钾还对葡萄花芽的分化、根系发育有促进作用。钾在植物体内移动性良好，可再利用。

[缺钾症状及发生特点] 葡萄有"钾质植物"之称，在生长结实过程中对钾的需求量相对较大，缺钾时，常引起碳水化合物和氮代谢紊乱，蛋白质合成受阻，植株抗病力降低。枝条中部叶片表现扭曲，以后叶缘和叶脉间失绿变干，并逐渐由边缘向中间焦枯，叶子变脆容易脱落。果实小、着色不良，成熟前容易落果，产量低、品质差。钾过量时可阻碍钙、镁、氮的吸收，果实易得生理病害。

钾元素以离子形态（K^+）被植物吸收利用，葡萄根系在萌芽后 3 周开始吸收钾元素，吸收速率逐渐增大，从落花到转色期为吸收高峰，此期间吸收的钾元素量可占全年吸收量的 50%，之后从转色期到采收前吸收速率明显下降。钾的第二次吸收高峰出现在采收后，大约持续一个月，结束期较氮、磷等其他元素早。

[防治措施] 葡萄钾元素的补充以土壤施入为主，在增施有机肥的基础上，宜在花期前后和果实采收后施入适当化肥，可选用硫

酸钾或含钾的果树专用肥料等。每 667 米^2 施入 20 千克硫酸钾或相当钾素量的其他钾肥。

4. 钙（Ca）

钙元素参与细胞壁形成、调节水合作用，是一些酶的激活剂，具有重要的生理功能。

［**缺钙症状及发生特点**］钙在植物体内移动性差，缺钙时新梢嫩叶上形成褪绿斑，叶尖及叶缘向下卷曲，几天后褪绿部分变成暗褐色，并形成枯斑。缺钙可使浆果硬度下降，贮藏性差等。

葡萄缺钙常发生在酸度较高的土壤上，同时过多的钾、氮和镁供应也可以使植株出现缺钙症状。

葡萄根系对钙的吸收主要集中在花期到转色期，吸收量占全年总量的 60%。

葡萄落叶前叶中钙含量增加，研究表明，植株 54% 的钙随落叶损失。

［**防治措施**］钙缺素症的防治，可增施有机肥，调节土壤 pH，土壤施入硝酸钙或氧化钙，控制钾肥施入量，调节葡萄树体钾/钙比例。根据叶柄营养分析，使钾/钙比在 1.2～1.5，如果高于此值，减少钾或增加钙。钙也可通过叶面喷肥加以补充，对缺钙严重的果园，一般可于葡萄生长前期、幼果膨大期、和采前 1 个月叶面喷布钙肥，如硝酸钙、氯化钙等，浓度为以 0.5% 为宜。钙在葡萄体内移动性差，因此，以少量多次喷布效果为佳。

5. 硼（B）

硼能促进葡萄花粉管的萌发和生长，促进授粉受精，提高坐果率，减少无籽小果比率，提高产量，促进芳香物质的形成，提高含糖量，改善浆果品质。同时，硼可以促进新梢和花序的生长，使新梢成熟良好。

［**缺硼症状及发生特点**］葡萄缺硼时可抑制根尖和茎尖细胞分裂，生长受阻，表现为植株矮小，枝蔓节间变短，副梢生长弱；叶片小、增厚、发脆、皱缩、向外弯曲，叶缘出现失绿黄斑，叶柄短、粗。根短、粗，肿胀并形成结，可出现纵裂。硼元素对花粉管

伸长具有重要作用，缺乏时可导致开花时花冠不脱落或落花严重、花序干缩、枯萎，坐果率低，无种子的小粒果实增加。

硼的吸收与灌溉有关，干旱条件下不利于硼的吸收，另一方面，雨水过多或灌溉过量易造成硼离子淋失，尤其是对于沙滩地葡萄园，由此造成的缺硼现象较为严重。

[防治措施] 硼缺素症的防治可在增施有机肥、改善土壤结构、注意适时适量灌水的基础上，在花前 1 周进行叶面喷硼，可喷21％保倍硼 2 000 倍液或 0.3％硼酸（或硼砂）等，在幼果期可以增喷一次。在秋季叶面喷硼效果更佳，一是可以增加芽中硼元素含量，有利于消除早春缺硼症状，二是此时叶片耐性较强，可以适当增加喷施浓度而不易发生药害。在叶面喷肥的同时应注意土壤施硼，缺硼土壤施硼宜在秋季每年适量进行，每 667 米^2 每年施入硼砂 500 克，效果好于间隔几年一次大量施入。土壤施入时应注意施入均匀，以防局部过量而导致不良效果。

6. 锌（Zn）

锌元素参与多种酶促反应和植物激素的合成，尤其是与植物生长素和叶绿素的形成有关。

[缺锌症状及发生特点] 缺锌时植株生长异常，新梢顶部叶片狭小，呈小叶状，枝条纤细，节间短。叶片叶绿素含量低，叶脉间失绿黄化，呈花叶状。果粒发育不整齐，无籽小果多，果穗大小粒现象严重，果实产量、品质下降。锌在土壤中移动性很差，在植物体中，当锌充足时，可以从老组织向新组织移动，但当锌缺乏时，则很难移动。

栽植在沙质土壤、高 pH 土壤、含磷元素较多的土壤上的葡萄树易发生缺锌现象。

[防治措施] 防治缺锌症可从增施有机肥等措施做起，补充树体锌元素最好的方法是叶面喷施。茎尖分析结果表明，补充锌的效果仅可持续 20 天，因此锌应用的最佳时期为盛花前 2 周到坐果期。可应用禾丰锌、硫酸锌等。另外，在剪口上涂抹 150 克/升硫酸锌溶液对缺锌株可以起到增加果穗重、增强新梢生长势和提高叶柄中

锌元素水平的作用。落叶前使用锌肥，可以增加锌营养的储藏，对于解决锌缺乏问题非常重要和显著；落叶前补锌，开始成为重要的补锌形式。

7. 铁（Fe）

铁元素是植物许多蛋白和酶的组成成分，参与光合作用和呼吸作用，是植物叶绿素的重要组成物质，同时参与体内一系列代谢活动。

［**缺铁症状及发生特点**］铁在植物体内不易移动，葡萄缺铁时首先表现的症状是幼叶失绿，叶片除叶脉保持绿色外，叶面黄化甚至白化，光合效率差，进一步出现新梢生长弱，花蕾脱落，坐果率低。

葡萄缺铁常发生在冷湿条件下，因此时铁离子在土壤中的移动性很差，不利于根系吸收。同时铁缺乏还常与土壤较高 pH 有关，在此条件下铁离子常呈不为植物所利用形态。

［**防治措施**］克服铁缺素症的措施应从土壤改良着手，增施有机肥，防止土壤盐碱化和过分黏重，促进土壤中铁转化为植物可利用形态。同时可采用叶面喷肥的方法对铁缺素症进行矫正，可在生长前期每 7～10 天喷一次螯合铁 2 000 倍液或 0.2％硫酸亚铁溶液。铁缺素症的矫正通常需要多次进行才能收到良好效果。

（二）养分的植物吸收形态及移动性

1. 土壤养分的植物吸收形态

土壤是矿质营养元素的载体，了解矿质元素在土壤中的运行规律和特点可帮助我们有效利用土壤和肥料。土壤中的各种矿质元素大都以三种状态存在，即溶解态（以离子形式溶解于土壤溶液）、可交换态（以离子形式与土壤反应固定在土壤可交换的复合体上）和非交换态（元素作为土壤微粒的分子组成部分，或被这些土壤微粒牢固地结合在一起）。

在土壤中只有溶解态的矿质营养才能自由进入根部而被植物吸收利用，所以土壤养分的肥力大小取决于水溶液中溶解态的矿质离子的浓度。通常矿质元素在植物、土壤水溶液和土壤交换复合体之间达到一种动态平衡，葡萄根系吸收了土壤矿质离子后，相应还会使可交换态的离子从土壤交换复合体得以释放，以补充土壤溶液可溶态离子浓度的减少，能够使根系得到足够的有效养分。

土壤养分的形态常由土壤性状和养分元素间相互作用决定，土壤中微生物种群类型、数量可影响养分元素向植物吸收态转化。土壤 pH 在土壤养分元素形态转化中起重要的作用（图 3），例如，在土壤 pH 为 8 左右时，植物很可能会出现缺铁、锰、硼、铜和锌元素症状。

从图 3 中还可看出，在 pH 位于 6.5～7.0 时，几乎各种营养元素形态均处于植物可吸收态，一定程度上解释了为何葡萄适宜生长在此 pH 范围的土壤上。在葡萄生产上，我们应通过土壤改良，创造这种土壤环境。

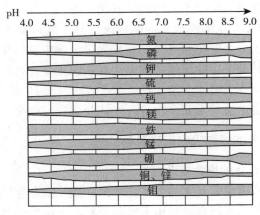

图 3　不同 pH 下土壤养分元素植物
吸收形态可供状况

2. 养分元素的移动性和在植物体内的再利用

矿质营养元素在土壤中的移动性因元素种类不同而异（表 1），但对于大多数元素种类来说，元素在土壤中移动性较差，所以在施肥时应尽量施入根系主要分布区域。

矿质营养元素在葡萄体内的再利用程度亦因种类而异（表1），一般氮、磷、钾、镁和氯表现较强的运转能力，在植物生长发育过程中或缺素情况下，可迅速地由老器官转向幼嫩器官，导致老叶中这些可移动元素的含量低于幼叶，缺素症常在老叶中表现出来；而硫、硼和钼元素运转能力较弱，钙、锰、锌、铁和铜元素运转能力很差，不易从老器官中向幼嫩器官移动，在器官迅速生长发育期这类元素若发生供应亏缺，则表现为幼嫩器官元素含量低，影响芽、幼叶、果实的发育，缺素症常在幼嫩器官中表现。

表1　养分元素的移动性和植物吸收利用形态

元素	移动性		吸收形态	元素	移动性		吸收形态
	土壤中	植物中			土壤中	植物中	
氮	中—高	高	NH_4^+, NO_3^-	硼	高	低—中	$B(OH)_3$, $H_2BO_3^-$
磷	低	高	HPO_4^{2-}, $H_2PO_4^-$	铜	低	低	Cu^{2+}
钾	低—中	高	K^+	铁	低	低	Fe^{2+}
钙	低	低	Ca^{2+}	锰	低	低	Mn^{2+}
镁	低	高	Mg^{2+}	钼	低—中	低—中	MoO_4^{2-}
硫	中	低—中	SO_4^{2-}	锌	低	低	Zn^{2+}, $Zn(OH)_2$
				氯	高	高	Cl^-

四、葡萄园营养诊断与需肥量确定

（一）葡萄园营养诊断

1. 葡萄园土壤分析

葡萄园土壤分析主要用于确定土壤理化特性和营养元素含量及平衡养状况，包括与葡萄生长结果密切相关的土壤 pH、土壤渗透性、必需营养元素含量以及离子间平衡、有害重金属元素含量等，从而明确基础信息，也可以预测潜在的营养元素缺乏问题。

葡萄园的土壤分析最好应在建园前进行一次，一般在夏季或秋季定点采集土壤深度 0～20 厘米和 20～40 厘米的土壤样品，土样可以用铁锹或土钻取，样品一定要能代表所栽树的土壤状况，一般每 2～3.3 公顷区域内随机采集 10～20 个土样，混合成一个样品，去掉表层杂物、草皮、石块，取大约 0.5 千克用于测定分析，如果地形或土壤结构变化较大，不同区域应分别取样。土样应分析土壤类型、孔隙度、土壤 pH、植物必需营养元素含量、有害重金属元素含量等。如果土壤条件不适，宜先进行土壤改良，如土壤 pH 过低，可掺入一定量石灰，土壤 pH 过高，可施用酸性肥料。这次土壤分析数据，也将为今后葡萄园肥料种类选择提供依据。

葡萄园栽植后，一般应每 2～5 年进行一次土壤分析，有条件的葡萄园可以每年进行一次。采集土样的最佳时期是在秋季果实采收后至落叶前。葡萄园适宜的土壤营养状况见表 2。

表2　葡萄园适宜的土壤营养状况

土壤因子	适宜值	土壤因子	适宜值
pH	6.5～7.0	Fe	20～50 毫克/千克
N	—	Mn	20 毫克/千克
P	10～50 毫克/千克	Cu	20 毫克/千克
K	75～225 毫克/千克	Zn	2 毫克/千克
Ca	1 000～2 000 毫克/千克	B	2 毫克/千克
Mg	150～250 毫克/千克	有机质	3%～5%

目前，还很难将土壤分析结果直接用于指导生产中肥料的具体施用，这主要是由于许多土壤方面和植物方面的因素影响树体对营养元素的吸收和利用，而土壤分析结果不含砧木因素、品种因素、根系分布、土壤含水量、坐果量、土壤病虫害、土壤养分可利用性等的影响。因此，土壤分析结果应和叶分析及植物生长结果状况结合，综合分析来指导肥料的施用。

2. 葡萄叶分析

植物组织器官营养分析是一种基于植物吸收力、累积和利用矿物质营养能力的直接测定植物养分状态的方法，因此它包含了所有的土壤和植株自身因素，而避免了土壤分析的局限性。叶片是植物光合作用的主要器官，叶片的生理状况对植物营养物质积累起关键性作用。叶片的营养状况对其光合性能影响巨大，进而影响树体营养物质积累。因此，一般可以通过分析叶片的营养状况作为指标来反映树体的营养状况，即叶分析营养诊断。常见果树的叶分析采样标准为采取叶片进行矿物质元素分析，而葡萄则可分别采用分析叶片或叶柄营养成分为指标，且以叶柄分析见多、准确度高。

葡萄以叶柄为材料进行叶分析具有许多优点，一般叶柄较叶片表面污染少，叶柄容易采集、易操作处理、洗涤、干燥等。同时叶柄样品相对叶片取样可代表更多的植株样本，因为叶柄取样需要比叶片取样多2～3倍才能达到与叶片取样相同的干物质量。更重要的是以往研究结果表明，叶柄营养中硝态氮、磷、钾、镁和锌元素含量值具有较大范围，叶柄分析对肥料施用的反映和各种元素缺乏与过剩值更容易进行界定。

采样时期多在葡萄盛花期进行，也可在果实转色期进行。随机采集与花序相对着生的叶子，但应注意分开采集健康的叶子和有缺素症状的叶子，分别采集嫁接在不同砧木上的叶子、不同地块、不同土壤类型上的叶子，这样才可能得到更加有用的数据，指导制定施肥方案。采后立即去掉叶片，留下叶柄，每区域取样不少于 100个叶柄。采后立即运回实验室，用清水冲洗数遍，再用无离子水冲洗 1 遍，置于 70℃ 恒温烘箱中烘干。分析的项目多为与葡萄生长结实关系较为密切的矿质元素，一般为 N、P、K、Ca、Mg、Fe、Mn、Cu、Zn 和 B 元素，表 3 列出了常规条件下葡萄叶分析营养标准参考值，此参考值与土壤分析报告一起可以用于指导施肥方案的制订。

表 3　葡萄叶分析营养标准参考值

元素	适宜量	
	盛花期叶柄	花后 60～70 天新近成熟叶
N	0.80%～1.20%	0.80%～1.20%
P	0.25%～0.50%	0.14%～0.30%
K	1.80%～3.00%	1.50%～2.50%
Ca	1.20%～2.50%	1.20%～2.00%
Mg	0.30%～0.50%	0.35%～0.50%
Fe	40 毫克/千克	30～100 毫克/千克
Mn	30～60 毫克/千克	50～1000 毫克/千克
Cu	7～15 毫克/千克	10～50 毫克/千克
Zn	35～50 毫克/千克	30～60 毫克/千克
B	30～70 毫克/千克	25～50 毫克/千克

我们曾对河北省 2 个表现缺素症葡萄园进行了叶分析，于盛花

期采样，分析叶柄营养成分，结果如图4、图5所示。河北涿鹿供测试葡萄园树体氮素含量偏高，磷素、钾素含量位于最高限上下，镁元素除园1叶片含量超高外，其余园片含量处于适宜范围值，而钙、铁、锌和硼元素含量基本处于最低值以下或附近。河北定州供试葡萄园中园片1叶片氮素含量在适宜范围内，而园片2和3均远高于最高值，磷元素均处于适宜范围值，钾元素园片1适宜、而园片2和3则偏高，钙元素园片1适宜、而园片2和3偏低，镁元素分别偏高和低，铁和锌元素处于适宜范围值，而硼处于最低值附近。

从图中我们可以看出，在叶氮素含量适宜的情况下，其他元素含量也较易被控制在适宜的范围内。根据上述叶分析结果，制定了施肥方案，减少氮素和钾素供应量，暂停磷素供应，对涿鹿园区主要通过叶面喷肥方式增加钙、铁、锌和硼元素的供应，对定州葡萄园区主要通过叶面喷肥方式增加钙、镁和硼元素供应，同时因定州葡萄园区土壤为沙土，结合适宜的灌溉保持土壤水分和防雨、防涝，增加植株硼元素吸收和减少土壤淋失。经过3年的时间，两供试葡萄园缺素症状均有明显改善。

叶分析具有多方面的用途，我们可以根据叶分析结果判断元素是缺乏、适中及过量，还可以应用在评价施肥效果上，单纯的施肥试验主要依靠植株的生长结果表现来估计不同处理的反应，但生长结果受多种因素的影响，要求施肥试验进行复杂设计，而叶分析能准确揭示施肥对树体内营养状况的影响，可大大简化施肥试验。对于葡萄生产者，连续分析所在园区的叶营养指标，可以掌握树体的健康状况，为各方面生产技术措施制定实施提供依据。

3. 葡萄缺素症树相表观症状分析

葡萄体内营养元素供应影响其生理功能，叶片是葡萄光合作用主要器官，也是葡萄缺素症表现最突出的器官之一，必需元素缺乏会导致诸如叶片失绿、畸形等症状，进而影响叶片功能。不同元素的缺乏在叶片上的表现具有独有的特征，可通过与正常叶比较初步判断是何种元素的缺乏，是缺素症树相表观症状主要观察对象，具

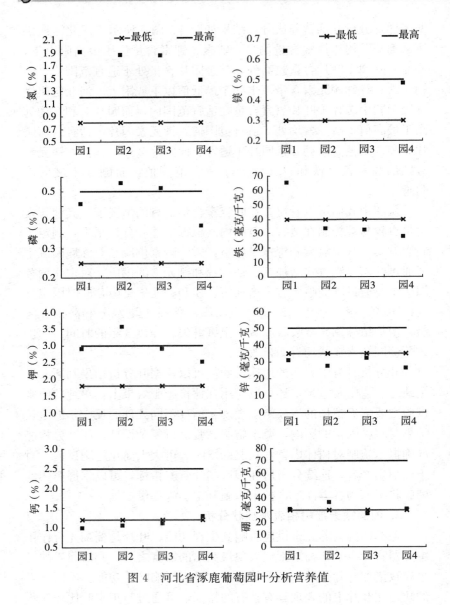

图 4　河北省涿鹿葡萄园叶分析营养值

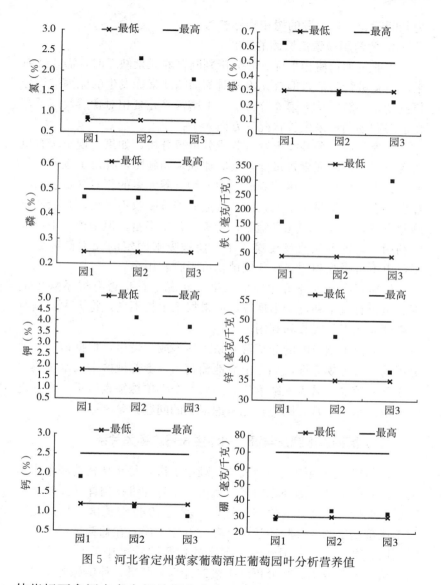

图 5 河北省定州黄家葡萄酒庄葡萄园叶分析营养值

体指标可参阅本书中相关部分内容。

除了叶片外、果实大小、成熟期早晚、枝梢生长状况等也可作

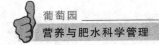
为判断营养元素盈亏的树相指标参考。

4. 葡萄园缺素症原因的判断

当通过葡萄树相指标、叶分析判断营养元素缺乏时，需要及时采取措施进行防治，但首先需要对葡萄园缺素症发生的原因进行分析判断，一般应从土壤养分含量、土壤营养元素相对含量及离子存在形态和葡萄根系生长状况三方面入手：

首先，应对葡萄园土壤营养成分进行分析，如果发现土壤有机质含量低、矿质元素含量低，则应加强果园施肥，补足土壤养分。

其次，应分析土壤营养成分中各种营养元素的相对含量、离子存在形态。如果是由于元素间拮抗造成养分吸收不平衡，则应调整施肥方案，减少某些元素施肥；若离子含量丰富，但呈植物不可吸收利用态，则可从改良土壤入手，使被吸附固定的元素被释放出来，由不可吸收利用态转变成植物可吸收利用态。

最后，应观察分析葡萄根系生长状况，看是否有根系病虫危害、是否有过旱和过涝出现等，如果根系生长不良，将大大影响对土壤营养元素的吸收和利用。

一般由土壤影响的葡萄营养缺乏症多成片发生，根据地形、地势不同有一定规律性。如在山坡地葡萄园，上部地区常因水土流失造成营养较少，易表现缺素症。如果有个别单株缺素严重，而其近临的植株生长正常，则应首先考虑根系的问题。

（二）葡萄园施肥量与葡萄树体生长量的相关关系

葡萄树和土壤构成一个整体，理论上讲，每年从葡萄园中带出去的营养如果被全部补充回来，就可以很好地维持树体的正常生长结果，维持一个良好的生态循环，也就是 19 世纪德国杰出的化学家李比希提出的养分归还学说（养分补偿学说）在葡萄生产上的实际应用。事实上，在国外发达国家的葡萄园管理中就是以此为依据，结合土壤分析、叶分析结果最终计算施肥量，补偿施肥不是归还植物带走的全部养分量，如果土壤分析和叶分析的结果说明土壤中仍有丰富的某些养分，在一段时间内这些养分可以不用补偿或少补偿。计算每年葡萄园中所有生物产出的所含营养成分，以此为基数计算每年的施肥量，以补充养分消耗（表4）。如，每667米² 产出葡萄3吨，果实中营养成分含氮0.81～1.85千克，则每年应施入纯氮2.4～5.6千克，如果以尿素计素，则应施入尿素5.3～12.1千克。但这有个前提，即这些葡萄园每年从园中带走的只有葡萄，而修剪的枝全部被就地粉碎、落叶就地入土、行间生草或杂草刈割翻入土壤中，采用滴灌方式灌溉，肥料淋溶较少。在我国情况有所不同，我国大部分葡萄园每年从园中带走了当年生长量的近乎全部，在防治病虫害策略中，首要的是清园，清除落叶、修剪下的枝蔓、杂草、落果等，减少病虫源，这对病虫害防治至关重要，但同时增加了葡萄园营养的损耗。因此，在计算施肥量时，应根据自身园片生产措施具体分析，保持整体平衡。

表4 成熟葡萄果实营养成分含量

营养元素	营养成分含量（千克/吨）		
	高	低	均值
N	1.85	0.81	1.31
P	0.35	0.20	0.25
K	3.32	1.43	2.22
Ca	0.84	0.15	0.45
Mg	0.14	0.05	0.09

葡萄属无限型生长类型果树，新梢不形成顶芽，只要外界条件合适可一直生长，且生长量较大。施肥可以促进葡萄生长与结果，一定范围内施肥量与葡萄枝蔓生长量与结果量成正比，但过多的施肥易导致葡萄枝蔓生长量过大，架面郁闭，果实着色不良，品质较差，病虫害严重，冬季修剪工作量大。因此，适宜的施肥种类与施肥量是保持葡萄树体营养生长与结果平衡的重要手段，而树体的表现是判断施肥方案合适与否的重要指标。

(三) 葡萄园施肥量的确定

1. 施肥不当的原因和危害

人们已对肥料的作用有了深刻的认识，生产上果农亦非常重视肥料的投入，但不适量和养分不平衡的肥料投入也常常给葡萄生产带来严重问题。

首先是肥料施用的盲目性，对自身所在葡萄园的土壤基本情况缺乏了解，对肥料的种类、养分含量缺乏选择性；其次是在有机肥方面，许多果农认为施有机肥是多多益善，果农自己有什么肥、能买到什么肥就施什么肥，根据自己的经济能力及以往情况能施多少就施多少，往往造成施肥过量或不足，元素供应不平衡，缺素症表现明显。

在同一园片连年施肥可引起肥料的叠加效应，即上一次所施肥料的某些养分没有被利用完全，还残留在土壤中，在下一季施肥时施肥量应考虑将这些残留有肥料养分减除，否则将会产生某些营养元素累积量增加，即肥料的叠加效应。在一定范围内土壤植物营养元素的积累是必要的，曾经也有人将这种施肥的叠加效应理解为培肥土壤的措施，但事实上元素积累超过一定限度就会起相反作用，极易产生各种施肥障碍。

在土壤地力较差和施肥不足的葡萄园，植株表现生长受到抑制，缺素症现象严重发生，产量低，品质差。在土壤肥沃、施肥量过大的葡萄园，植株表现营养生长与生殖生长不平衡，营养生长旺盛，架面易郁闭，光照差，果实品质不良，成熟期推迟，耐贮性差，枝蔓成熟度差，抗寒性差，病虫害严重等，同时增加架面管理投入，增加夏季修剪和冬季修剪工作量。

目前人们对于过量施用氮肥对葡萄生长结果的危害已有较深的认识，如生长过旺、架面郁闭、花芽分化不良、果实着色差、贪青生长、枝蔓成熟不良、越冬性差等；由于过量的氮肥施用导致的过旺生长需要消耗大量的营养元素，这样其他元素的需求量相应加大，如果不能相应补充，则极易表现其他元素的缺乏症状；同时我们还应认识到过量施用氮肥时，植物会发生对氮素的奢侈吸收，在植株体内大量积累硝态氮，往往引起食品不安全问题，可对人类健康造成严重危害。

磷可以促进碳水化合物的运转，被常用在提高果实品质方面。但生产上存在"多施磷肥无害"的误区，形成的原因可能与人们对磷肥的认识过程有关。磷肥易被土壤固定，有关施磷使植物中毒、减产的施用肥料的数量上限值很高，磷肥施用过量，植物不会像施过量氮肥那样敏感，所以在人们的观念中就形成了磷肥施多了无害的错觉。

铁、锰、锌、镁与磷酸盐结合会形成难溶性磷酸盐，不仅降低了磷肥本身的有效性，也使与其结合的微量营养元素成为难溶性，降低其有效性。因此，过量施用磷肥容易诱发土壤及植物中铁、锰、锌、镁的缺乏症。

大量施用磷肥，会造成植物大量吸收和异常积累无机磷素营养，其以无机磷酸盐形态储存，与植物从外界吸收入体内的微量元素发生反应，形成溶解度更低的化合物，从而降低了这些营养元素在植物体内的有效性。

在肥料宣传中，钾肥也多与提高果实品质有关，因此在果实发育后期施用一定量的钾肥已成为果农常规肥料管理措施之一。但过量施用钾肥的现象在生产上经常发生，葡萄可以吸收大量的钾肥，且主要富集在果实中，过量的钾对葡萄生长有一定影响，如徒长、抗性差等，但主要影响果实品质，果实中钾含量过高可导致果实pH升高、果实耐贮性下降、抗病性差等。这主要是由于过量的钾与钙、镁离子拮抗，从而影响钙、镁离子吸收与利用。

2. 施肥量的确定

适宜的施肥量是决定施肥措施成败的关键因素之一，对于果农施肥前应非常清楚其园片哪些地方需要养分、需要哪些养分、需要多大量，但许多葡萄园施肥具有从众心理，遵循施肥习惯，或靠推测。有的葡萄园可能在某些区域需要施肥，但却对整个园区进行施肥。由于葡萄营养和肥料利用的复杂性，目前尚无单一的方法可以

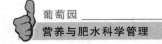

精确判断某一园片营养需求状况，需要综合考虑土壤分析、植物营养分析、感官植物症状等因素来进行确定。

（1）依据葡萄园肥力状况　施肥前应首先了解所在葡萄园的土壤基本情况，有条件的一定要进行土壤养分分析测定，以分析报告为依据指导施肥。一般应在建园前进行一次土壤分析（见前文），根据分析报告对比土壤养分适宜范围值进行栽植前的土壤改良和肥料施用。以后则每 2～5 年进行一次土壤分析，然后与前一次的土壤分析报告进行对比分析，以判断过去施肥和葡萄吸收对土壤养分的影响情况，作为再次肥料施用的参考。

（2）依树相指标　即葡萄植株枝蔓生长量、叶片大小、厚度、颜色、果实发育状况等。如果建园时已进行了土壤改良、施入了一定量的基肥，植株生长良好，上述指标表现正常，则在葡萄生长的前 1～3 年没有必要进行施肥。如果有相当数量植株表现生长较迟缓，则可能是需要适当追施氮肥，当然首先要排除是由于缺水、产量过载、病虫害等影响；如果出现坐果率低、大小粒现象严重则可能与缺硼、缺锌有关。之后，随着葡萄园开始大量结果，营养消耗逐渐增大，应通过施肥进行营养补充，以保障土壤具有足够的养分满足植株吸收需求。

（3）依产量和修剪量指标　葡萄吸收土壤中养分用于枝叶生长、果实发育，枝蔓修剪、落叶和果实采收将这些养分带走，需要及时补充。正常生长葡萄树体营养生长与生殖生长呈平衡状态，果实为栽培者最终目的，因此可以通过计算果实产量及枝蔓生长养分消耗，大体换算出养分流失状况，从而计算出施肥量。

修剪量是指在冬季修剪时，将修剪下的一年生枝进行称重，即修剪量。注意称重时不含叶片，不含多年生部分，在田间情况下修剪后立即进行，为湿重。因葡萄修剪是选留下翌年足够的结果母枝后剪掉其余的枝蔓，修剪下的枝蔓几乎相当于当年的生长量，通过对修剪量的连年记载分析，可以判断施肥方案的正确性。

氮元素是葡萄园应用量最大的基本肥料，几乎所有葡萄园中施用氮肥为最常规的施肥措施，因为一般 1 吨葡萄将带走氮素养分

1.31 千克，修剪的枝蔓每吨将带走 2.5 千克氮素，加之其他因素造成的氮素损耗，如果不外施氮肥，土壤中植物可利用态氮素终将不足。在有机质含量低的土壤上的葡萄园，氮肥缺乏发生较快，因为土壤中大部分氮素与有机质结合，经过一系列土壤微生物参与的活动将有机氮转化成氨态氮或硝态氮，可供植物吸收利用，当土壤中存储氮缺乏，就必须通过施氮肥来补充以满足葡萄吸收需求。

3. 施肥时期的确定

确定肥料的施用时期应综合考虑葡萄生长结果对肥料的需求规律、植株的生长状况、肥料的特性、土壤状况、水分供应等因素。

（1）有机肥　一般认为的最佳的施用有机肥的时期是在秋季葡萄采收后、土壤封冻之前。此期正处于葡萄根系生长高峰期，有机肥中植物可吸收态养分可立即被葡萄根系大量吸收，而有机肥中其他养分还有时间于冬季来临前在土壤微生物作用下进行分解，可供翌年春季根系吸收。此期也是葡萄植株大量累积贮藏养分时期，供应肥料养分可以提高树体贮藏养分，尤其是贮藏氮素水平，研究表明此期葡萄吸收氮素占全年总量的 34%，可供应翌年春季花期前树体对养分的需求，新梢生长消耗的氮素有 30%～40% 是源于根系中贮藏的氮营养。

当然，有机肥也可以在早春施入，目前我国北方地区葡萄有机肥在早春施入的仍占多数，这一方面是果农对有机肥施入最佳时期认识问题，加之果农有在耕作之前施肥的习惯，另一方面和北方地区葡萄多在冬季埋土防寒有关，春季进行葡萄枝蔓出土上架，土地整理的同时进行有机肥施用。春季施有机肥应尽早进行，萌芽 1 个月后至果实成熟期则不宜施有机肥，施肥过晚会造成树体旺长，尤其是生长季后期枝蔓的旺长易引起架面郁闭、枝蔓成熟度差、花芽分化不良、越冬性差等，应尽量避免此类现象发生。

（2）化肥　化肥具有有效成分含量高、含量准确、易被植物吸收利用、作用快、方便施用等特点，施用时更应注重精量计算、适期施用、少量多次，以发挥其最大效应，同时减少其副作用，最大限度地保持土壤自然状态。

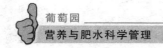

氮肥可以在果实采收后立即施入，即结合秋施有机肥时进行，有利于提高氮素在葡萄树体内的贮藏水平，也不易引起树体旺长。另外也可以在春季萌芽期到花前施用。国外一般不建议在坐果期到果实成熟期之间施用氮肥，即树上有果时不施氮肥，其主要考虑的是氮肥的施用对果实品质会有影响，尤其是酿酒葡萄，不适的氮肥施用会影响果实 pH、着色等。

磷肥在土壤中移动性很差，且易被固定成植物不可利用态，影响磷有效性的最关键因素是土壤 pH，一般在土壤 pH 为 6.5 左右时，磷元素有效性最高，且多与菌根菌的存在有关，因此磷肥的施用应结合有机肥施用时期，可掺入有机肥中一并施入，以提高磷有效性，而此期也正是葡萄根系吸收磷元素的一个高峰期，吸收的磷元素主要用于贮藏在根系中。葡萄在萌芽前后对磷元素吸收很少，植株 82% 的磷元素都是贮藏在根系中，供应植株前期生长所需，根系在花后有一次吸收磷元素高峰，直接用于枝梢生长和果实发育，因此在花后、幼果膨大期可施用一次磷肥，注意施用时尽量靠近根系主要分布区。磷的需求量大约为氮需求量的 1/10~1/5，且一般土壤中含有大量被固定的磷，因此葡萄园磷肥不必年年施用，而提高磷有效性措施对葡萄生长结果作用更大。

钾素能促进碳水化合物的代谢并加速同化产物流向储藏器官，缺钾时同化产物保留在叶子中不能疏散，影响光合作用继续进行，同时钾素是提高光合作用中许多酶活性所必需的元素，因此钾素对葡萄果实品质尤其是糖分积累起重要作用。葡萄在盛花后至果实转色期之间吸收钾量达到高峰，此期间吸收大约全年钾吸收量的 49%，随后钾吸收量骤减，在果实采收 1 个月后又出现一次小高峰，但此次吸收量相对较小，且钾元素一般在枝蔓中积累比根系多。考虑到钾元素对葡萄的作用和葡萄吸收钾的特点，在盛花后及时补充钾肥是关键。

钙是细胞壁中胶层的组成成分，以果胶钙形态存在，缺钙时细胞壁不能形成，影响细胞分裂，妨碍新细胞形成。因其和细胞壁形成有关，缺钙多影响果实贮藏性。钙在葡萄体内主要存在于枝叶中，而且老叶中的含量比嫩叶多，果实中含量较少。钙在植物体内移动性差，易被固定下来，不能转移和再度利用。葡萄吸收钙素主要在生长前期，在花期到转色期之间达到高峰，吸收量达全年的将近一半，但从转色期到果实成熟采收期根系不吸收钙素，在落叶前45天左右根系又有一次吸收钙素小高峰。钙在果实中的累积和再分布利用研究表明，从花后到转色期钙在果皮和果肉中逐渐累积，转色期后停止累积，原有的这些累积的钙被用于种子等的发育消耗，因此后期是否缺钙取决于前期的累积量和后期的需求量。所以钙肥的应用应主要集中在花期前后和果实采收后，宜少量多次施用，施入部位靠近根系，均匀分布。

镁元素是叶绿素的组成成分，对光合作用有重要作用，是一切绿色植物所不可缺少的元素。镁是许多酶的催化剂，与许多代谢活动有关，尤其是可促进碳水化合物代谢和呼吸作用。镁的缺乏多发生在镁含量低的酸性土壤中、含较高钾元素的沙壤中和石灰土壤中，大量应用铵态氮肥和钾肥也易导致缺镁现象发生。葡萄大约从开花期开始吸收镁元素，主要转运到新梢中用于当年的生长。花后到转色期植株持续吸收镁元素，主要用于根、枝蔓和叶生长，果实获得较少。从转色期到果实成熟采收期植株仍可吸收镁元素，但吸收量较小，果实采收后镁吸收出现一次高峰，吸收的镁元素主要贮藏在根、枝和干中，镁的吸收一直持续到落叶。因此，葡萄对镁元素的吸收在整个生长季基本平稳，镁肥施用可以在花前到落叶期之间进行。

锌是许多酶的组成成分，对植物体内物质水解、氧化还原过程以及蛋白质的合成等都有重要作用，尤其是锌参与植物激素生长素的合成，对植物生长点生长发育具有调控作用。锌的缺乏多发生栽植在沙地、高 pH 土壤、含磷元素较高土壤上的葡萄园中。对于锌肥的应用，目前认为最佳的方法是叶片喷肥，一般喷在顶端幼叶的锌肥 80% 可以被保留在该处，可供嫩梢生长发育应用，而喷在基部叶片上锌肥多转运到植株多年生部位。根系吸收锌量相对大些，但仅有 20% 被转运到其他器官。对葡萄顶梢分析结果表明，喷施

锌肥的作用大约可持续 20 天，田间试验结果显示喷施锌肥最佳方案为从花前 2 周至坐果期。也有人试验在冬季修剪后于剪口处涂抹锌肥矫正缺锌症状，对缺锌株涂抹 150 克/升硫酸锌（含 22％锌）溶液或代森锌（含 23％锌），翌年均增加了果穗重、提高了修剪量和提高了叶柄中锌的水平，其中硫酸锌涂抹的效果更加显著。

　　铁是一些蛋白和酶的重要组成成分，是形成叶绿素所必需的元素，缺铁时植株常表现叶失绿症，严重时叶片白化，进一步导致生长量减少，光合效率降低，叶面积和干物质积累减少，果实脱落，产量下降等。缺铁多发生在冷、湿环境下，在石灰岩土壤中相对发生也较普遍，葡萄缺铁症状很容易通过叶症状进行判断，但想矫正并非易事，尤其是在常发生缺铁症状的石灰岩上的葡萄缺铁症更难，往往需要反复进行多次才能有所成效。在根系中，铁的吸收仅通过根尖，因此诱发大量新根生长对铁吸收至关重要。在土壤施用铁肥料时，首先应考虑土壤 pH，许多情况下并非土壤缺铁，只是因 pH 不适，铁呈不可利用态，此时改变土壤 pH 的措施可能会更有效。另外，葡萄生产上矫正缺铁症可采用叶面喷肥方式，硫酸亚铁（$FeSO_4$）和 EDTA 铁钠盐是葡萄上常用的叶面肥，可在生长季每隔 7～10 天喷布一次，对防治缺铁黄叶病具有一定效果。

　　硼对葡萄体内的许多重要生理过程有着特殊的影响。缺硼会导致根尖伸长受阻、DNA 和 RNA 合成受到抑制、幼嫩枝梢顶端细胞分裂受影响，花粉管伸长受阻，影响受精结实等。葡萄吸收硼受土壤水分影响，干旱条件下硼元素吸收量极小；另一方面，硼在土壤中具有较强的可移动性，强降水和过量的灌溉会导致硼元素的大量淋溶，尤其是沙土园中。硼肥的施用主要在两个时期，一是花前一周进行叶面喷肥，可喷施 0.1％～0.3％硼酸；二是在秋后土壤施用硼肥，因硼肥的易流失性，建议少施、年年施以维持硼的有效量。

五、葡萄园常用肥料种类、特点及合理应用

（一）肥料的种类

肥料是作物的粮食，合理使用肥料，不仅可为作物提供养分，还能改善土壤理化生物性状，培肥地力，提高产量和品质。随着时代的进步和农业生产的发展，肥料品种日益繁多，可从下面不同的角度对肥料的种类加以区分。

1. 按化学成分分类

（1）有机肥料　又称农家肥料，指主要来源于动、植物残体或代谢物。如粪尿肥、堆沤肥、绿肥、土杂肥和城镇废弃物、沼肥等。

（2）无机肥料　又称化肥，指养分呈无机盐形式的肥料，可由提取或物理、化学工业方法制成。如尿素、碳酸氢铵、硫酸钾、钙镁磷肥、过磷酸钙、硼砂、硫酸锌、硫酸锰等。

（3）有机无机肥料　指标明养分含有机和无机物质的产品，由有机和无机肥料混合或化合制成。

2. 按含有养分数量分类

（1）单一养分肥料　氮、磷、钾三种养分中，仅具有一种养分标明量的氮肥、磷肥或钾肥的统称。如尿素、硫酸铵、碳酸氢铵、硫酸钾、过磷酸钙、氯化钾、硫酸镁、硼砂、硫酸锌、硫酸锰等。

（2）多养分肥料

①复合肥料　氮、磷、钾三种养分中，至少标明有两种养分，由化学方法制成的肥料。如磷酸二铵、硝酸钾、磷酸二氢钾等。

②混合肥料　将2～3种氮、磷、钾单一肥料或复合肥料与氮、

磷、钾单一肥料其中的一到两种，机械混合而制成的肥料，它又可分为粉状混合肥料、粒状混合肥料和掺合肥料。如各种复混专用肥。

③配方肥料　根据不同作物的营养需要、施用地区土壤养分含量及供肥特点，以各种单一化肥为原料，有针对性地添加适量中量、微量元素或特定有机肥料，采用掺混或造粒工艺加工而成的，具有很强针对性和地域性的专用肥料。

3. 按肥效作用方式分类

（1）速效肥料　养分易被作物吸收、利用，肥效快的肥料。如硝酸钾、硝酸铵、硫酸铵、碳酸氢铵、过磷酸钙、硫酸钾、氯化钾等。

（2）缓效肥料　养分能在一段时间内缓慢释放，供植物持续吸收利用的肥料，包括缓溶性肥料和缓释性肥料。

①缓溶性肥料　通过化学合成的方法降低肥料的溶解度，以达到长效的目的。如脲甲醛、脲乙醛、聚磷酸盐等。

②缓释性肥料　在水溶性颗粒肥料外包裹一层半透明或难溶性膜，使养分通过这一层膜缓慢释放，以达到长效的目的。如硫衣尿素、包裹尿素等。

4. 按肥料的物理状况分类

（1）固体肥料　肥料呈固体状态。如尿素、硫酸铵、过磷酸钙、钙镁磷肥、氯化钾、硫酸钾、硼砂、硫酸锌、硫酸锰等。

（2）液体肥料　溶液肥料、悬浮肥料和液氨肥料的总称。如液氨、氨水等。

（3）气体肥料　常温、常压下呈气体状态的肥料。如二氧化碳。

5. 按肥料的化学性质分类

（1）碱性肥料　化学性质呈碱性的肥料。如碳酸氢铵、钙镁磷肥等。

（2）酸性肥料　化学性质呈酸性的肥料。如过磷酸钙、硫酸铵、氯化铵、硝酸铵等。

（3）中性肥料　化学性质呈中性或接近中性的肥料。如尿素、硫酸钾、氯化钾等。

6. 按作物对营养元素的需求量分类

（1）必需营养元素肥料

①大量元素肥料　肥料由植物需求量大的营养元素物质制成。如氮肥、磷肥和钾肥。

②中量元素肥料　肥料由中量营养元素物质制成。常用的有镁肥、钙肥、硫肥。

③微量元素肥料　是利用微量营养元素的肥料。常用的有硼肥、锌肥、锰肥、铁肥和铜肥。

（2）有益营养元素肥料　是利用含有益营养元素的物质制成的肥料，常用的是硅肥。

7. 按反应性质分类

（1）生理碱性肥料　养分经作物吸收利用后，残留部分导致土壤酸度降低的肥料。如硝酸钠。

（2）生理酸性肥料　养分经作物吸收利用后，残留部分导致土壤酸度提高的肥料。如硫酸铵、硫酸钾、氯化铵等。

（3）生理中性肥料　养分经作物吸收利用后，无残留或残留部分基本不改变土壤酸度的肥料。如硝酸铵。

（二）葡萄园常用有机肥

1. 有机肥的特点

我国是一个传统的农业国家，几千年来施用有机肥是农业生产的优良传统。广义上的有机肥俗称农家肥，主要以各种动物、植物残体或代谢物如人畜粪便、秸秆、动物残体、屠宰场废弃物等组成，另外还包括饼肥（菜籽饼、棉籽饼、豆饼、芝麻饼、蓖麻饼、茶籽饼等）、堆肥、沤肥、厩肥、沼肥、绿肥等。狭义上的有机肥专指以各种动物废弃物（包括动物粪便、动物加工废弃物）和植物残体（饼肥类、作物秸秆、落叶、枯枝、草炭等），采用物理、化学、生物或三者兼有的处理技术，经过一定的加工工艺（包括但不限于堆

制、高温、厌氧等），消除其中的有害物质（病原菌、虫卵、杂草种子等）达到无害化标准而形成的、符合国家相关标准（NY 525—2012）及法规的一类肥料。有机肥主要是以供应有机物质为手段，借此来改善土壤理化性能，促进植物生长及土壤生态系统的循环。

有机肥料是养分最全的天然复合肥，是我国农业生产中的一项重要肥料，也是传统农业的物质基础。有机肥是地球上物质循环的纽带，把人、畜、植物、土壤紧密联系在一起，有机废弃物是与人类的物质生产相伴产生、相伴循环的，人类若不能有效地处理这些废弃物，则势必泛滥成灾，污染环境，使人类生存空间变得更为狭窄而恶化；相反，有机废弃物的合理利用，对整个农业生产和环境保护起积极的作用。

有机肥的优点有：①来源广、种类多、数量大，我国每年有机肥的总量达18亿～24亿吨，在广大农村中可就地取材，就地积制，就地施用。②有机肥营养全面，它不但含有植物生长发育所必需的大量元素和微量元素，而且还含有丰富的有机质，其中包括胡敏酸、维生素等物质，是一种完全肥料。③有机肥料含大量的腐殖质，对改土培肥有重要作用。④有机肥料中含有大量的微生物，以及各种微生物的分泌物，有机肥料施入能改良土壤，成为微生物良好栖息地，对植物生长具有积极作用。⑤有机肥料中的营养元素多呈有机态，须经微生物转化才能被植物吸收利用，肥效缓慢而持久，是一种迟效性缓释肥料，具有缓冲作用。

有机肥的缺点有：①因来源来同，不同有机肥元素成分、含量差异极大。②有机肥中可能含有病菌、害虫、抗生素残留，如处理不好对环境、植物影响较大。③有机肥养分含量相对较低，施用量大，施用时需要较多的劳动力和较高的运输成本，在劳动力成本日益提高的趋势下，面临巨大的挑战。④有机肥肥效持续期长，一般持续5～7年，如施用不当，很难消除不利影响，因此对有机肥的施用更应慎重。

2. 有机肥的检测指标

目前我国有机肥料行业标准为NY525—2012，由农业部于

2012年3月1日发布，2012年6月1日实施。行业标准中主要技术指标为有机质质量分数（以烘干基计）45，总养分（氮＋五氧化二磷＋氧化钾）的质量分数（以烘干基计）≥5.0，水分（鲜样）的质量分数≤30，酸碱度（pH）5.5～8.5，重金属指标为总砷（As）（以烘干基计）≤15毫克/千克，总汞（Hg）（以烘干基计）≤2毫克/千克，总铅（Pb）（以烘干基计）≤50毫克/千克，总铬（Cr）（以烘干基计）≤150毫克/千克，总镉（Cd）（以烘干基计）≤3毫克/千克。细菌指标为蛔虫卵死亡率≥95％、粪大肠菌群数≤100个/克。

尽管我国已有有机肥行业标准，但实际生产中对于有机肥理化特性检测工作几乎为零，果农在有机肥施用时基本上是有什么肥就施什么肥，有多少就施多少，对所施用肥料的性质基本不知，也缺乏认知有机肥的意识。少部分果农对有机肥种类稍有认识，但同种类有机肥由于来源不同，质量差异很大，因此生产上急需解决我国有机肥理化特性检测和合理施用问题。

在有机肥的检测和合理利用上，发达国家已有多年历史和经验，如美国宾夕法尼亚州立大学农业分析服务实验室对果农送达的有机肥样品提供有偿测定分析（表5），分析项目主要有肥料pH、可溶性盐分含量、湿度、有机质含量、总氮含量、碳氮比值、物理性状等。

pH： pH表明有机肥的酸碱度，大部分腐熟的有机肥pH在5.0～8.5。中性pH（7.0）有机肥对于大多数果园来说较为适用。

可溶性盐分含量： 大多数有机肥可溶性盐分含量范围介于1～10，一般葡萄园应用有机肥可溶性盐分含量应小于5，高可溶性盐分含量（大于10～15）可能对葡萄植株产生毒害。如果分析报告显示有机肥可溶性盐分含量较高，施用后建议对土壤进行跟踪检测以确定这些盐分是否残留在土壤中，在雨水较多地区，这些盐分也可能会被淋溶掉，从而不会造成过多的负面影响。

湿度： 有机肥湿度取决于其持水能力，含有机质高的有机肥持水能力较强，原始的有机肥湿度为40％～65％，腐熟的有机肥湿度应该为 50%～60%。如果湿度过低，腐熟过程中微生物活性受到影响，厌氧微生物增多，会影响有益微生物和降低有机肥孔性。

有机质含量：对于腐熟的有机肥来说，有机质含量越高越好，一般腐熟的有机肥有机质含量（以干重计）范围为 30%～70%，大于 60% 的为优质有机肥，可广泛用于葡萄园生产。

总氮含量：总氮包括氨态氮、硝态氮、有机氮各种形态的氮元素，对于腐熟的有机肥总氮含量（以干重计）一般为 0.5%～2.5%。腐熟后性状稳定的有机肥中大部分的氮以有机氮形态存在，有机氮不会立即分解成可供植物吸收利用的氮形态（施后第一年大约可分解释放 15%），当然其分解释放速度也受温度、土壤湿度和碳氮比等因素影响。

碳氮比：碳氮比即有机肥中总碳素和总氮素的比值，是有机肥稳定性和氮可供性的一个指标。碳氮比值较高（＞25）的有机肥中氮素多被固定成不可供态，在碳氮比值较低（＜20）的有机肥中有机氮将被释放供植物吸收利用。

物理性状：通过观察有机肥外观、触摸、闻气味可判断有机肥物理性状，优质有机肥应外观颜色均一、颗粒大小较一致、干湿适宜、没有臭味。如果有机肥有强烈的臭味，则可能是腐熟过程中厌氧菌过多，腐熟效果不好。

表5　美国宾夕法尼亚州立大学农业分析服务实验室分析样品报告

实验室编号	样品类型	报告日期	取样日期	样品类型	用户名称
C00012	动物排泄物堆肥	2003－2－6	2003－1－22	腐熟有机肥	
项目		结果（以送检样品计）		结果（以干重计）	
pH		7.8		—	
可溶性盐分含量（1∶5，重量比）		3.15 毫西/厘米		—	
固体		62.10%		—	
湿度		37.90%		—	
有机质		16.30%		26.30%	

（续）

实验室编号	样品类型	报告日期	取样日期	样品类型	用户名称
C00012	动物排泄物堆肥	2003-2-6	2003-1-22	腐熟有机肥	
总氮		0.90%		1.40%	
有机氮		0.90%		1.40%	
铵态氮		2.8 毫克/千克		4.5 毫克/千克	
碳		8.90%		14.40%	
碳氮比		10.2		10.2	
磷（以 P_2O_5 计）		0.71%		1.15%	
钾（以 K_2O 计）		1.21%		1.94%	
钙		2.03%		3.27%	
镁		0.56%		0.90%	
硫		0.17%		0.27%	
钠		448 毫克/千克		721 毫克/千克	
铝		16 480 毫克/千克		26 528 毫克/千克	
铁		17 321 毫克/千克		27 882 毫克/千克	
锰		489 毫克/千克		787 毫克/千克	
铜		29 毫克/千克		46 毫克/千克	
锌		104 毫克/千克		167 毫克/千克	

3. 葡萄园常用有机肥种类及特点

我国资源丰富，有机肥种类繁多。目前葡萄园常用的有粪尿肥、堆沤肥、绿肥、土杂肥、饼肥、沼肥等。

（1）粪尿肥 粪尿是人或动物的排泄物，含有丰富的有机质、有机酸、蛋白质、脂肪以及作物必需的无机营养元素，养分全，含量高，腐熟快，肥效好，是优质的有机肥料。

粪尿肥包括人粪尿、家畜粪尿、禽粪、蚕沙等。各种粪尿的成分、特性、资源数量因动物种类、数量、食物结构的不同差异很大。

①猪粪尿 猪繁殖快、饲养量大、适于圈养，具有积肥数量大

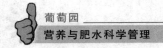

和粪肥质量好的特点，是中国农村的重要肥源。

由于猪饲料多样化，猪粪尿的品质与饲养条件有关，各地差异较大。据11个省（自治区）采样分析，鲜猪粪尿中养分平均量为：全氮（N）0.24%、全磷（P）0.07%、全钾（K）0.17%、水分85.36%、粗有机物3.75%、C/N 8.08、灰分2.43%；各微量元素的平均含量为：铜6.97毫克/千克、锌20.08毫克/千克、铁700.21毫克/千克、锰72.81毫克/千克、硼1.42毫克/千克、钼0.20毫克/千克；钙、镁、氯、钠、硫、硅含量平均分别为0.30%、0.10%、0.06%、0.06%、0.07%和4.02%。

一般猪饲料较其他家畜饲料精细，故猪粪质地较细，主要是纤维素、半纤维素、木质素较少，还含有蛋白质及其分解产物、脂肪类、有机酸及各种无机盐，其中氮素含量比牛粪高1倍，磷、钾含量也高于牛粪和马粪，钙、镁含量低于其他粪肥，还含有微量元素。猪尿中则以水溶性尿素、尿酸、马尿酸及磷、钾、钠、钙、镁等元素的无机盐为主，pH中性偏碱。

猪粪尿中含有较多的氨化微生物，容易腐熟，腐熟过程中形成大量的腐殖质和蜡质，且高于其他畜肥。由于猪粪尿中氮素易于分解，粪中磷素含量较高，钾素则大多为水溶性钾，作物易于吸收利用，因而氮、磷、钾的有效性都很高，除满足作物营养元素外，还能积累较多的腐殖质。腐熟后的猪粪，阳离子交换量超过其他畜粪，施用猪粪能增加土壤的保水性，蜡质能防止土壤毛管水分的蒸发，对于抗旱保墒有一定作用。猪粪含有较多的氨化细菌，含水较多，纤维分解菌少，分解较慢，故猪粪劲柔，后劲长，既长苗，又壮棵，既可作底肥也可作追肥。群众称赞猪粪尿及猪圈肥是"一季施用三季壮，一年施用三年长"。根据全国有机肥料品质分级标准，猪粪被评为二级。

猪粪尿积存过程中，各种成分在微生物作用下不断发生变化，核蛋白、磷脂等含磷化合物转化为磷酸或磷酸盐，蛋白质、尿素、氨基酸、尿酸等转化为铵盐或硝酸盐，极易分解挥发或流失，因此防止氮素损失是养猪积肥中的主要问题。常用的积存方法有：

垫圈积存法，常采用干土、秸秆、杂草、泥炭垫圈，可吸收尿液，保存粪尿中的肥分，一般粪土比以1：3～4为宜；提倡圈内垫圈积肥与圈外堆制相结合，勤起勤垫，有利粪肥养分腐熟分解，也有利于环境卫生和猪的健康。

冲圈法，适于大型机械化猪场，用于冲圈的猪舍地面用水泥砌成，并向一侧倾斜，将猪粪尿冲入舍外的粪池积存沤粪，或直接冲入沼气池沤制沼肥。这种方法利于畜舍卫生和家畜健康，不用垫圈材料，节省劳力。

②牛粪尿　牛是具有多种经济价值的大牲畜，随着日常生活中牛奶需求量的增加及养殖业的发展，牛的数量不断增加。牛的食量大，每日的排泄物较其他牲畜多，因此牛粪尿也是我国农业生产中的重要肥源。

牛粪尿的成分与猪粪尿相似，主要是纤维素、半纤维素、蛋白质及其分解产物和各种无机盐，不过牛粪的有机质和养分含量在各种主要家畜中是最低的，尤其氮素含量低，碳氮比大。牛是反刍动物，饲料经反复咀嚼，并经胃液消化，使牛粪质地细密，同时牛饮水多，粪中含水量高，影响了空气的流通，牛粪分解腐熟慢，发酵温度低，是发热最小的冷性有机肥料。施用牛粪尿可使土壤疏松，易于耕作，对改良黏土有良好效果，按全国有机肥料品质分级标准，牛粪被评为三级。

鲜牛粪中养分平均含量为：全氮0.38%、全磷0.10%、全钾0.23%、水分75.0%、粗有机物14.9%、C/N比23.2、粗灰分7.1%，pH 7.9～8.0；各微量元素的平均含量为：铜5.7毫克/千克、锌22.6毫克/千克、铁943毫克/千克、锰139毫克/千克、硼3.2毫克/千克和钼0.30毫克/千克；钙、镁、氯、钠、硫、硅含量平均分别为0.43%、0.11%、0.07%、0.04%、0.07%和3.70%。

牛尿的全氮0.50%、全磷0.017%、全钾0.91%，是粪尿肥中含钾量较高的品种，仅次于鸽粪和蚕沙，牛尿中水分占94.4%、粗有机物2.8%、C/N 3.91；各微量元素的平均含量为：铜0.3毫

克/千克、锌1.0毫克/千克、铁27毫克/千克、锰2.7毫克/千克、硼3.8毫克/千克、钼0.06毫克/千克。

牛粪尿的养分含量与牛的品种与饲养条件有关，不同品种的牛，其粪尿养分差异较大，据各地采样分析，奶牛粪的养分含量最高，黄牛粪次之，水牛粪最低。

未经腐熟的牛粪尿肥效低，要经腐熟才能施用，以达到养分转化和消灭病菌虫卵的目的。牛粪尿积存通常有圈外积肥、冲圈积肥两种方法。

圈外积肥法　在牛圈内垫以秸秆、青草、泥炭、干土，吸收尿液，定期将粪尿与垫料一起运至圈外地势高的平地上堆积保存。由于牛粪性冷，堆积时加入马粪、羊粪等热性肥料，促进腐熟。外层抹以7厘米厚的泥土，防止养分流失。或者将新鲜的牛粪略加风干，加入3%～5%的钙镁磷肥或磷矿粉混合堆沤，可加速分解，得到优质的有机肥料。

冲圈积肥法　用于大型养牛场，每日用水冲粪尿入粪池，制成水肥；或流入沼气池制成发酵肥。

牛粪尿分解慢，一般宜作基肥，与热性有机肥混用效果更好。

③羊粪尿　随着人们生活水平提高，对羊毛、羊皮、羊肉的需求量越来越大，促进了养羊技术的发展，羊的饲养量逐年增多，为扩大农用有机肥源创造了有利条件。

羊的排泄量较其他家畜少，但羊粪尿养分含量十分丰富。羊也是反刍动物，羊对饲料咀嚼很细，饮水少，所以粪质细密干燥，肥分浓厚，是家畜粪中养分最高的一种，尤其粪中的有机质、氮、磷和钙、镁含量都比猪、牛、马粪高。羊粪发热量比牛粪大，属于热性肥料。氮的形态主要为尿素态，易分解，易被作物吸收。按全国有机肥品质分级标准划分，羊粪属于二级。

鲜羊粪中养分平均含量：全氮1.01%、全磷0.22%、全钾0.53%、水分50.7%、粗有机物32.3%、C/N16.6、灰分12.7%、pH多在8.0～8.2；各微量元素的平均含量为：铜14.2毫克/千克、锌51.7毫克/千克、铁2581毫克/千克、锰268毫克/千克、硼 10.3 毫克/千克、钼 0.6 毫克/千克；钙、镁、氯、钠、硫、硅含量平均分别为 1.3％、0.25％、0.09％、0.06％、0.15％ 和 4.90％。羊尿养分含量为：全氮 0.59％、全磷 0.02％、全钾 0.70％、水分 95.2％、粗有机物 2.6％、C/N2.61；各微量元素的平均含量为：铜 10.7 毫克/千克、锌 60.9 毫克/千克、铁 1664 毫克/千克和锰 187 毫克/千克；pH 8.1～8.7，属微碱性。羊尿中氮素的形态主要是尿素态氮，占全氮的 55％，容易分解；其马尿酸态氮的含量也在 33％左右。分解缓慢；同时羊尿中钾的含量也较其他牲畜高。因此，羊尿是速效、迟效兼备的肥料。

不同品种的羊因生活习性和饲养条件的差别，其粪尿养分含量有差异，一般绵羊粪的养分含量高于山羊和湖羊。

羊粪尿的积存方法主要有圈内积肥和卧地积肥两种。

圈内积肥　羊群除放牧外，大部分时间在圈内饲养，为保证羊群健康，提高羊毛质量，要求圈内整洁。用细而干的秸秆、杂草、草炭或干细土作垫料，吸收保存尿液。垫圈原则为"勤垫薄扔，湿一块，垫一块"。圈内积存的羊粪尿同垫料一起经过一段时间后起出疏松堆积，短期腐熟后即可施用。

卧地积肥　在山区和丘陵区的羊群，多采用白天放牧，夜间让羊群在地里过夜，或羊群回圈前，在地里集中排泄粪尿，羊群卧地积肥的地块，应及时翻耕，以减少肥分损失。这种方法就地积存，就地堆腐，就地使用，节省劳力。

羊粪尿较其他畜粪尿的肥分浓厚，适用于各种土壤，可作基肥和追肥。羊粪可与猪、牛粪混合堆积，可缓和它的燥性，达到肥劲"平稳"。

④兔粪尿　家兔是畜牧史上驯养较晚的一种家畜，但由于人们对家兔产品——肉、毛、皮需求量与日俱增，近年来我国养兔业有较大发展，饲养量逐渐增加，兔粪作为农业生产中的有机肥源也不容忽视。

兔是食草为主的杂食动物，饲料质量较好，兔粪养分含量高。鲜兔粪中养分平均含量：全氮 0.87％、全磷 0.30％、全钾

0.65%、水分 57.4%、粗有机物 24.6%、C/N19.1、粗灰分 11.3%，pH 多在 7.9～8.1；各微量元素的平均含量为：铜 17.3 毫克/千克、锌 48.8 毫克/千克、铁 2 391 毫克/千克、锰150 毫克/千克、硼 9.3 毫克/千克和钼 0.80 毫克/千克；钙、镁、氯、钠、硫、硅含量平均分别为 1.06%、0.26%、0.18%、0.17%、0.17%和6.81%。其中铜、钼含量居粪尿类之首，其他微量元素也是较高的。兔尿中养分含量正好与兔粪相反，氮含量低，磷、钾含量高，所以兔粪和兔尿的混合物养分含量互补、均衡，属优质肥料。

兔粪易腐熟，施入土壤分解快，肥效易于发挥，属热性肥。按全国有机肥品质分级标准划分，兔粪属二级。

兔粪尿是在兔窝内积攒的，兔是产皮毛的动物，窝内要求卫生条件要好，因此应经常在窝内垫干细土、草炭或干草，并定期将粪尿及垫料清出，可单独保存，也可与其他畜禽粪混合制成厩肥或堆肥。

兔粪适用于各种土壤，腐熟的兔粪一般作追肥，也可与其他圈肥掺和作基肥施用。有的地方将兔粪密封于水缸内，经 15 天自然发酵，用麻袋过滤后，制成粪液用作叶面追肥。

⑤鸡粪　鸡的饲养全国各地十分普遍，随着养鸡技术的发展，规模化、机械化、自动化程度越来越高，饲养量居家禽类之首，因此鸡粪也是农业生产中的有机肥源之一。

鸡的排泄物是粪尿混在一起的。鸡以谷物、小虫为饲料，饮水少，肥分肥厚，随着配合饲料的推广，鸡粪中还滞留了很多微量元素，故鸡粪中的养分较其他畜粪高。

以鲜鸡粪测定，平均全氮 1.03%、全磷 0.41%、全钾 0.72%、水分 52.3%、粗有机物 23.8%、C/N 比较低，为 14.03，pH 多在 7.7～7.9；各微量元素的平均含量为：铜 14.4 毫克/千克、锌 65.98 毫克/千克、铁 3 540 毫克/千克、锰 164 毫克/千克、硼 5.41 毫克/千克和钼 0.51 毫克/千克；钙、镁、氯、钠、硫含量平均分别为 1.35%、0.26%、0.13%、0.17%和 0.16%。鸡粪中还含有各种氨基酸、糖、脂肪、核酸、维生素、有机酸和植物激素等，是一种优质有机肥源，按全国有机肥品质分级标准划分，鸡粪属二级。

鸡粪中尿素态的氮易分解，且随水分增加，氮素损失增多，且鸡粪腐熟过程中，易发热，又造成氮素挥发。据资料介绍，风干鸡粪氮素损失 8.7％，而半干的发酵鸡粪则损失 37.2％，因此鸡粪宜干燥存放，并加入适量的过磷酸钙起保氮作用。鸡粪直接施用易招地下害虫，尿素态的氮也不能被植物直接吸收。所以鸡粪应在施用前沤制，沤制的方法有：

加土沤制 将 10 厘米厚一层鸡粪、7～8 厘米厚一层土间隔堆积、夯实，上层覆盖秸秆或搭棚防雨、防晒，沤制 1 个月。

加秸秆沤制 将鸡粪与秸秆以 1∶4 比例，层层堆放，上层覆盖 7～10 厘米厚的干土。

鸡粪适用于各种土壤，因其分解快，宜作追肥，也可与其他厩肥混合作基肥，不仅能增加作物产量，还可提高品质。

⑥人粪尿 人粪尿是人粪、人尿的混合物，人类的食物，经过消化、吸收和新陈代谢后，部分贮存在体内，绝大部分以粪尿排出，成为肥料。人粪尿肥分浓厚、养分齐全、肥效快，适于在多种作物和土壤上施用，增产效果大，但它易于流失和挥发，而且还含有多种病菌和寄生虫卵，易于传播疾病，如果利用不当，对作物和土壤都可能产生不良影响。因此，要认真做好人粪尿的无害化处理、合理贮存以及施用工作。

人粪尿是我国自古以来就普遍施用的一种有机肥料，积累了丰富的经验，在农业生产上发挥了重要作用。但随着社会的发展，城镇人口增加，人们住房和生活方式的改变，人粪尿资源及利用方式已起了变化，由于肥源较少，在葡萄园应用受到限制。

除上面提到的几种常用粪尿肥外，还有马粪尿、驴骡粪尿、鸭粪、鹅粪、鸽粪、蚕沙等其他动物粪尿。

（2）堆沤肥 堆沤肥类包括厩肥、堆肥，是中国广大农村中重要的有机肥源，在农业生产中有着重要的地位和作用。

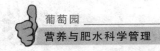
①厩肥　牲畜粪尿与各种垫圈物料混合堆沤后的肥料称为厩肥，也有机械化养猪、养牛等所得的液体厩肥。由于各地积存和沤制的方式不同，厩肥也有不同的名称，北方称圈肥、南方称栏粪。又由于垫圈材料不同，用土作垫料的叫土粪，用秸秆或青草作垫料的则称草粪，土粪的肥分低于草粪。厩肥广泛分布于全国各地，数量大，是有机肥中提供养分最多的肥源。

常用的厩肥主要有：

猪圈粪，按我国有机肥品种分级标准，评分为三级；

牛栏粪，按我国有机肥品种分级标准，评分为三级；

马厩肥，按我国有机肥品种分级标准，评分为三级；

羊圈肥，按我国有机肥品种分级标准，评分为三级；

兔窝肥，按我国有机肥品种分级标准，评分为四级；

鸡窝粪，按我国有机肥品种分级标准，评分为二级。

厩肥的积制方法可在圈内堆沤腐解法，也可在圈外堆沤腐解。圈内堆积一般适用于养猪积肥，圈外堆积一般适用于大牲畜以及猪栏粪、羊圈粪、兔窝粪等的积肥方式。

厩肥的腐熟过程一般经历生粪、半腐熟、腐熟和过劲 4 个阶段，生粪是未分解的粪尿及垫料的混合物；半腐熟是指粪尿及垫料组织变软，散发霉烂气味，粪呈棕色时的状态，概括为"棕、软、霉"，这时堆内温度逐渐上升，中温性微生物大量繁殖，有机质分解不完全，腐殖化作用不强；随着粪堆中水、气、热条件的变化，粪尿及垫料呈"黑、烂、臭"的状态时即为腐熟，说明有机质的分解与合成均在强烈进行；如果在粪堆内出现大量的"白点"或"白毛"，就是过劲初期的预兆，说明堆积过程中可能存在高温、通气、缺水等不协调情况，使厩肥中放线菌大量繁殖，有机物彻底分解，几乎呈粉末状，并有特殊的泥土味，呈"灰、粉、土"状态，这时要及时翻倒和加水压紧，防止进一步发展。

厩肥的腐熟程度决定肥料的性质与养分含量，也决定了厩肥的施用，一般腐熟程度较差的厩肥可作基肥，不宜作追肥和种肥；完全腐熟的厩肥基本上是速效性的，可作追肥。相对于土壤而言，半腐熟的厩肥深施于沙质土壤中，完全腐熟厩肥宜施在黏质土壤中。

②堆肥　堆肥是利用作物秸秆、落叶、杂草、绿肥、泥土、垃圾、生活污水及人、畜粪尿等各种有机物与适量的石灰或草木灰混合堆积腐熟而成的肥料。堆肥材料来源广泛、积制方法简单易行，肥效好，是我国农村自古以来就普遍积制、施用的有机肥料。

堆肥的基本性质与厩肥近似，属热性肥料；堆肥养分齐全，C/N 比大，肥效较为持久，长期施用堆肥可以起到改良土壤的作用。

由于堆肥的堆制原料不同，堆肥主要有以下几种：

玉米秆堆肥，按我国有机肥品种分级标准，属于四级；

麦秆堆肥，按我国有机肥品种分级标准，属于四级；

水稻秆堆肥，按我国有机肥品种分级标准，属于三级；

山草堆肥，按我国有机肥品种分级标准，属于四级；

麻栎叶、松毛堆肥，按我国有机肥品种分级标准，属于三级。

堆肥的养分含量除与积制原料有关外，还与积制方法有关。堆肥的积制方法有普通堆肥与高温堆肥两种形式。

普通堆肥　是在常温条件下通过嫌气分解，积制而成的肥料。该方法有机质分解缓慢，腐熟时间一般需 3～4 个月。

高温堆肥　需设通气塔、通气沟等通气装置，在通气良好、水分适宜、高温（50～70℃）的条件下，接种一定量的高温纤维素分解菌，利用好热性微生物对纤维素进行强烈的分解，积制而成肥料，马粪内含有该菌，因此高温堆肥中常加入适量的马粪。由于好热性微生物的存在，有机质分解加快，养分含量较普通堆肥高。

堆肥的分解进程是微生物分解有机质的过程，堆肥腐熟的快慢，与微生物的活动密切相关。因此，要加速堆肥腐熟，就要控制微生物的活动，通过控制以下条件来完成。

水分　堆肥内含水量是控制堆肥成败与否的首要条件，一般含水量为原材料的 60%～75%，即紧捏堆肥材料时有少量水挤出，或用铁锹拍之成饼，铲起即散，则表示含水量适宜。

温度　堆肥时，保持 50～60℃ 的温度，才能兼顾真菌、细菌

43

和放线菌发挥最大的作用，堆肥中温度调节可以通过添加含有较多高温性纤维素分解菌的骡、马粪来升温，采用翻堆、加水及覆盖厚土等措施来降温。

通气 堆肥前期肥堆不宜太紧，设通风沟，保证适当通气，利于好气微生物的繁殖与活动，促进有机质分解，也要避免通气过旺，好气性微生物繁殖过快，有机质大量分解，腐殖质化系数低，氮素损失大，堆制后期要适当压紧或塞上通气沟，造成一定的嫌气条件，有利于养料保存，减少挥发损失。

酸碱度 纤维分解菌、氨化细菌及堆肥的多数有益微生物适合在 pH 6.4～8.1 中性至微碱性环境下活动，积制高温堆肥时，由于有机质分解时产生一定数量的有机酸，使堆肥内酸性增强，为降低酸度，可在堆制时加入相当于秸秆等原材料的 2%～3% 的石灰或 5% 的草木灰降低酸度，同时石灰还能破坏秸秆表面的蜡质，使之易于吸水软化，加速发酵。如有条件，也可以用碱性磷肥代替石灰效果会更好。

碳氮比 一般微生物分解有机质的适宜碳氮比（C/N）为25：1，而日常应用的堆肥材料一般是碳氮比较大，如禾本科作物秸秆 C/N 为 50～80：1，杂草为 25～45：1，生活于其中的微生物由于缺少氮素营养，生命活动不旺盛，分解作用缓慢；当碳氮比较小时，有机原料又大量损失。因此，积制堆肥时应加入适量的人畜粪尿、无机氮肥或碳氮比小的绿肥等原料，调节出适宜的碳氮比。

③沤肥 沤肥是肥料发酵的另一种方式，是利用作物秸秆、绿肥、树叶、青草、牲畜粪尿、肥泥等就地混合，在田边地角加水沤制而成的肥料，与堆肥相比，其沤制材料与堆肥相似，所不同的是沤肥是嫌气常温发酵，原料在淹水条件下进行沤制，沤制好的沤肥，表面起蜂窝眼，表层水呈红棕色，肥体颜色黑绿，肥质松软，有臭气，不粘锄，丢在田里不浑水。沤肥是在嫌气条件下腐解，养分损失少，肥料质量较高，据云南、山东、河北等省采样分析，其粗有机物、全氮、全磷、速效氯的含量均比普通堆肥高。

沤肥主要分布于南方水网地区，北方较少，只在雨季或有水源的地方才有。

（3）绿肥　凡以植物的绿色部分耕翻入土壤当作肥料的均称绿肥，作为肥料而栽培的作物叫绿肥作物。我国是利用绿肥最早的国家，但自20世纪80年代以来，由于化肥对农业的贡献以及化肥工业的发展，化肥施用量迅速上升，绿肥种植与施用面积大幅度下降。然而近年来，由于氮肥用量偏高，氮、磷、钾比例失调，造成土壤质量下降，环境污染。"民以食为天，食以地为源，地以肥为本，肥以草为先"，随着农业生产的发展，大力发展绿肥并逐步过渡到发展种草业，走绿肥牧草相结合的道路，对促进农业中物质和能量的良性循环，建立良好的生态环境，促进我国农牧业可持续发展，具有重要的意义。

葡萄园播种栽培绿肥有很多好处，新鲜绿肥中，一般有机质含量为 11.0%～15.0%，绿肥根叶的碳素腐解矿化后，可增加土壤中的有机质，每 667 米^2 施用 1～2 吨绿肥鲜草，土壤有机质含量可提高 0.1%～0.15%。有机质的分解过程中，还产生一种带有负电荷的胡敏酸，与土粒结合能使之互相胶结在一起，形成团粒结构。各种豆科绿肥根上都有根瘤菌，能有效地固定空气中的氮素。一般每 500 克豆科绿肥鲜草，含氮量相当于 12.5 克硫酸铵。绿肥根系多数分布在深 1 米以上的土层内，可以把深层土壤中难溶性的磷、钾肥等大量和微量元素吸收到植株体内，埋压绿肥后可供果树吸收利用。绿肥还可防止水土流失，增加果园覆盖，减少水分蒸发，防止杂草丛生。埋压绿肥后，果树根系增加，叶片肥厚，花芽增多，产量提高，果实品质好。

①果园绿肥栽培利用的方式

就地直接翻压　当年在行间或株间种绿肥作物，在其生长至初花或盛花期，此时植株处于生长和养分高峰期，含水量也高，将其就地直接翻压土中作肥料。翻压前，若在绿肥种植地面，撒施无机磷、钾肥，再行翻压，肥效会更佳。此种利用方式适用于植株匍匐生长或矮小的多年生或一年生的春、夏绿肥，如苕子、蚕豆、箭豌豆、乌豇豆、绿豆等。

刈割集中沟埋　于绿肥作物初花至盛花期，收割其地上部分鲜体，分施于事先开好的施肥沟内，沟的深度视绿肥鲜体的多少而定，覆土填平。此种利用方式，既适用于一年生绿肥作物，更适于多年生或高秆绿肥作物。一般当年刈割 1～2 次，刈割的留茬高度一般为 15～25 厘米，以利于茎基部隐芽萌发再次生长，适宜品种为毛叶苕子、紫花苜蓿、白花草木樨、印度豇豆等。

树盘覆盖　于绿肥作物生长至花期，刈割后集中覆盖树盘，厚度 20 厘米为宜。在气候较干旱少雨或多风地区，还应在覆盖绿肥上再撒盖 5 厘米左右的散土，以防火防风。待到秋施基肥时，将覆盖绿肥残体与其他肥料，一并施入施肥沟中，来年，再采取同法覆盖，年复一年进行。此种方式的优点是，有利于树盘土壤的保水保墒，减轻表土的流失和风蚀，抑制树盘杂草生长和除草用工，减少年灌水量和次数。为提高土地利用率，"以短养长"增加经济效益，可采取行行间播种经济价值较高的农作物，如黄豆、花生等。还可以采用"苕子自传种"的方式进行覆盖利用，即秋天播种苕子，翌年开花结荚，种子自由落地，植株干枯死亡覆盖地表，落地种子秋天又发芽生根，长成幼苗越冬，年复一年，3～4 年翻耕一次，重新播种。此法省工省时，经济有效，果园不用中耕除草，类似国外的生态果园，又优于国外的生草管理法，已成为我国近年来建设生态果园的重要措施之一。

堆、沤利用　将种植的绿肥作物的鲜体或干茎叶，作为堆肥或沤肥的原材料，让其充分腐解后，施于果园。一般沤肥多用水肥形式作追肥用，而堆肥多用作秋施基肥用。在果园实际生产中，此两种方式并不普遍，原因是较为费工费时，如果用作沼气池中的填充物利用，仍可被视为一种较好的利用方式。

"果、草、牧"相结合利用　此种利用方式属间接利用方式。由中国农业科学院郑州果树研究所于 20 世纪 80 年代末提出，目的在于提高果园种草的经济效益，利用氮素生物良性循环来实现，即在果园的行、株间播种（单播或混播）豆科绿肥牧草作用，收获鲜、干草喂养家畜（羊、牛、鸡、猪、兔、鹅等）后，再将粪便施于果树作肥料，从而产生良好的生态效益和经济效益，已相继被各地果园应用和推广，也是建设生态果园的栽培模式之一。

②葡萄园常用的绿肥种类

葡萄园种植绿肥宜选择植株矮小、生长期短、经济效益好或有固氮能力，对土壤养分水分要求不高，与葡萄无共同病虫寄主的植物，如矮秆豆类、花生、薯类、蔬菜、草莓等。目前推广的绿肥种类有：夏季绿肥品种如印度豇豆、竹豆、猪屎豆、印尼绿豆、乌豇豆、黄豆等，播种时间为 4～5 月，翻压时间为 8 月下旬至 11 月。冬季绿肥品种如箭舌豌豆、肥田萝卜、黑麦草、蚕豆、豌豆、紫云英、油菜等，播种时间为 10～11 月上旬。翻压时间为 3～5 月。多年生绿肥品种如三叶草、紫穗槐、胡枝子、大青等，一年可以多次收割，进行覆盖改土。

紫花苜蓿　多年生宿根性豆科草本植物。既是营养价值较高的优质饲料，又是肥效较好的绿肥。喜温暖半干燥性气候，抗寒、抗旱、抗瘠能力强，但不耐渍。种子发芽的最低温度为 5℃，幼苗期可耐 −6℃ 的低温，植株能在 −30℃ 的低温下越冬。对土壤要求不严，能在 pH6.5～8，含盐量在 0.3% 以下的钙质土壤上生长。据河北、云南等省采集的 16 个样品分析，鲜紫花苜蓿平均养分含量为：粗有机物 34.6%、全氮 0.61%、全磷 0.07%、全钾 0.69%。紫花苜蓿幼苗期生长缓慢，1～2 年后生长旺盛，春播苜蓿第一年秋刈割 1 次，两年后每年可收割 2～3 次，初花期为收割的最佳时期，收割的鲜草可做饲料或异地还田，四五年后鲜草产量下降，可进行耕翻。按全国有机肥料品质分级标准，紫花苜蓿属二级。

草木樨　是世界性保水、保土、绿肥植物，分白花草木樨和红花草木樨，为多年生豆科绿肥作物，适应性强，耐旱、耐碱、耐瘠薄。适于山丘果园种植。草木樨可在 3～5 月春播，也可在 8～10 月秋播。一般茎高 50～60 厘米，初花期留茬 10 厘米刈割一次压青；秋季霜后割草时留茬高度 3～5 厘米，以免休眠芽在越冬前萌发。按全国有机肥料品质分级标准，草木樨属二级有机肥。

紫穗槐　多年生豆科落叶灌木，嫩枝叶可作绿肥，养分含量很

高、紫穗槐根深、繁殖力强，耐旱、耐湿、耐盐碱、耐瘠薄，鲜枝叶含氮 1.32％、磷 0.3％、钾 0.79％，地边、沟沿、沙滩、丘陵区的梯田堰边均可种植。一般株高 60 厘米时割茬压青。按全国有机肥料品质分级标准，紫穗槐属二级有机肥。

毛叶苕子　越冬蔓生豆科植物，耐寒、喜湿润，但不耐涝和盐碱。根系发达肥效较高，一般鲜草含氮 0.54％、磷 0.12％、钾 0.46％。压青适期为初花期。按全国有机肥料品质分级标准，毛叶苕子属二级有机肥。

三叶草　多年生豆科草本植物，主要有白三叶、红三叶和地中海三叶。白三叶，茎蔓生，株高 20～30 厘米，一般 3 月下旬返青，初冬 11 月中旬霜后叶枯，覆盖期长达 8～9 个月。一般春季播种，每 667 米² 播种量 1 千克，深度 3.0 厘米，6～9 月刈割压青。每 667 米² 产鲜草 1 500～2 000 千克。按全国有机肥料品质分级标准，三叶草属二级有机肥。

小冠花　多年生豆科植物，根系发达，适应性强，耐旱、抗寒，不耐涝渍，生命力强，可生长 50～60 年之久，适于山地果园种植。茎蔓生，株高 30～50 厘米，一般年刈割 3 次，每 667 米² 产青草 2 000～2 500 千克。鲜草含干物质 10％，氮、钾含量较高。按全国有机肥料品质分级标准，小冠花属一级有机肥。

田菁　一年生豆科草本绿肥，适应性强，耐瘠薄，喜高温，根深，是改碱肥地的优良绿肥作物，主要分布在山东、河南、河北、江苏等省。鲜草含氮 0.52％、磷 0.07％、钾 0.15％，每 667 米² 产鲜草 1 500～2 000 千克。田菁，属高秆作物，需及时刈割，干草中含养分不算高，按全国有机肥料品质分级标准，田菁属三级有机肥。

花生　又名落花生，为一年生豆科草本植物。根部有很多根瘤，播种出苗后，随着花生植株的生长，根瘤菌的固氮能力逐渐增强，结荚初期，根瘤菌的固氮能力最强。据测定，花生有 80％ 的氮是根瘤菌供给的，花生收获期，根瘤破裂，根瘤菌重新回到土壤中，这时根瘤菌遗留在土壤中的氮，每 667 米² 可达 3.5 千克，相当于硫酸铵等标准氮肥 17.5 千克。所以在葡萄园行间种植花生，能大幅减少氮肥用量，缓解化肥对土壤的破坏作用。

③葡萄园种植绿肥要注意以下问题　在绿肥生长期要施适量的氮、磷、钾肥，以缓解绿肥作物与树体争肥的矛盾；压青后适当灌水，以加速绿肥腐烂分解；尽量选用矮生或半匍匐生长的绿肥作物，高秆绿肥作物要及时收割；播种多年生绿肥作物，4～5 年需翻耕重新播种；套种时要保留充足的树盘营养面积，一般间作物应离主干 1 米以上，以免争肥争水过多，影响葡萄生长结果，间作西瓜、冬瓜等蔓性作物时，要严格控制爬上葡萄枝蔓或爬满主干营养带。

（4）土杂肥　土杂肥是我国传统的农家肥料，来源广，种类多。土杂肥是以杂草、垃圾、灰土等所沤制的肥料，包括肥土、泥肥、灰肥、屠宰废弃物及城市垃圾等。

①熏土　熏土也叫熏肥，是用枯枝落叶、草皮、稻根、秸秆等燃料，在低温、少氧条件下，将富含有机质的土块熏制而成。经过熏烧，加速了土壤熟化，因此，熏土的肥分比一般肥土高，是一种含速效氮、磷、钾较高的土肥。熏土属于微碱性，是速效、热性肥料，宜在冬季作基肥或保温肥使用，也可追肥。

我国北方农村冬季烧土炕的烟道土，成分和性质基本与熏土相同。

②泥肥　地表细土、有机质等沉积于河、塘、沟、湖中，腐烂分解形成的肥沃淤泥统称为泥肥。成分比较复杂，除含有一定数量的有机质外，还含有氮、磷、钾等多种养分。泥肥分解程度较差，多属缓效性肥料，大量施用泥肥，不仅可以供给作物养分，而且还可以增厚耕作层，改良土壤的物理性状，提高土壤的保肥能力。泥肥用作基肥和追肥均可。

③草木灰　作物秸秆、柴草、枯枝落叶等燃烧后剩下的灰分统称草木灰。其无机养分丰富，植物体所含的灰分元素，草木灰中都有，尤以钾、钙含量为最多，磷次之，多作钾肥用。草木灰适用于除盐碱以外的各种土壤，尤其适用于酸性土壤。可作基肥和追肥。

施用前要用2～3倍的湿土拌和，或淋上少量的水将灰湿润。

④屠宰废弃物　作肥料使用的屠宰废弃物是指屠宰畜禽时，从畜禽肠胃洗刷下来的粪便、废血，以及畜禽碎蹄角，毛发和废水的混合物。将这些废弃物积存起来，妥当处理，既可改善环境，又可以作肥料使用。屠宰场废弃物属迟效性肥料，不能直接施用，一般先与厩肥混合堆沤，待腐熟后作基肥用。

（5）饼肥　饼肥是油料作物的种子榨油后剩下的残渣，是我国传统的优质农家肥，部分也是牲畜的优质饲料。因原料的不同，榨油的方法不同，各种饼肥的养分含量也不同。一般富含有机质（75％～86％）、氮和相当数量的磷、钾与中量及微量元素，其中钾素可被作物直接利用，而氮、磷则分别存于蛋白质和卵磷脂中，不能直接被农作物吸收利用。虽然饼肥中氮、磷不能直接被利用，但由于饼肥的碳氮比较小，易分解，肥效反比其他有机肥易发挥。

饼肥的种类很多，主要品种有：

大豆饼　迟效性完全肥料，适宜各种土壤。由于饼肥中的蛋白质和糖类分解时产生各种有机酸，同时还产生高温，会对作物造成伤害，不宜直接施用。可先将豆饼粉碎与堆肥或厩肥堆积、发酵3天左右再施用，一般常作基肥，作追肥可开沟撒施或穴施。按有机肥料品质分级标准，大豆饼属一级。

与大豆饼类似的还有花生饼、芝麻饼、葵花籽饼等，也都是优质有机肥料，按有机肥料品质分级标准，均属一级。其发酵方法、施用范围、方法与大豆饼相似。这几种饼肥富含蛋白质、糖类和氨基酸，也是理想的优质植物蛋白质饲料。因此，除特殊需要外，一般以"过腹还田"的形式利用为主，即先作饲料，然后再用牲畜粪尿肥田，比直接用作肥料合算，这样既提高了经济效益，又提高了肥效。

此外，油菜籽饼、棉籽饼、蓖麻子饼、胡麻饼、桐籽饼等也都属于一级优质有机肥料，沤制腐熟后常作基肥施用。

（6）沼肥　沼气是充分利用有机废弃物发酵的生物能，使之转化为电能、热能，发酵后的废水、废渣又可作为肥料。因此大力推广沼气综合利用技术，不仅可解决农户日常做饭、照明的生活用能，节约能源，改善农村环境卫生状况，更重要的是能生产出大量充分腐熟的有机沼肥，这对发展无公害农产品是一条很好的途径。据调查，一口管理应用正常的农家沼气池，一年可产沼肥 15～30 吨，可满足 0.33 公顷果园对有机肥的需求。

沼肥是人畜粪便、有机废弃垃圾、农作物秸秆及不含杀菌物质的生活污水经沼气池密封厌氧发酵后的残留物，是由液态的沼液和固态的沼渣相混的新型有机肥。具有氮、磷、钾养分齐全，肥效缓速兼备，总养分含量高，有机质丰富等特点，含农作物需要的 17 种氨基酸和维生素、生长激素、抗生素和 10 多种微量元素。据测定，沼肥比堆沤肥中的全氮含量高 40%～60%，全磷比堆沤肥高 40%～50%，全钾比堆沤肥高 80%～90%，作物利用率比堆沤肥提高 10%～20%。沼肥能有效地改善土壤结构，调节土壤中水、肥、气、热状况，并能把土壤中难以被作物吸收的营养元素转化为可利用状态，促进作物正常生长发育，同时沼肥在厌氧发酵过程中杀死了虫卵、草籽和有害病菌，是一种无虫卵、无草籽、无病菌，对预防病虫草害具有显著作用的生物肥料。

用沼肥可与秸秆糠衣堆沤制成腐殖酸类肥，或加入磷、氮化肥成为沼腐磷铵复合肥，这种经过沼腐的有机无机配合的优质肥，可在果园用作基肥。

堆制方法为：先堆制沼腐磷肥，即每 50 千克沼肥中加混 5 千克过磷酸钙，拌和 50～100 千克铡短的秸秆、树叶、糠衣、青草等，堆成圆堆，堆外抹一层草泥封存发酵，一个月后再在肥堆四周上打几个孔，按每立方米肥堆体积加 10 千克碳酸氢铵的比例，把碳酸氢铵用沼液化开，从肥堆顶孔处慢慢灌入，然后用泥封孔，过 4～5 天，就堆成沼腐磷铵复合肥。

沼渣与磷肥按 10∶1 的比例混合堆沤 5～7 天后施用，效果更佳。

沼肥是一种缓速兼优的好肥料，但施用沼肥有以下几条禁忌：

①忌出池后立即施用　沼肥的还原性强，出池后立即施用，会

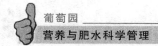
与作物争夺土壤中的氧气，影响根系发育，导致作物叶片发黄、凋萎。因此，沼肥出池后，一般先在储粪池中存放 5～7 天后施用。

②忌表土撒施　沼肥宜采用穴施、沟施，然后盖土。

③忌过量施用　施用沼肥的量不能太多，一般要比施用普通猪粪肥少。若盲目大量施用，会导致树体徒长，树冠郁闭，影响果实品质和产量。

④忌与草木灰、石灰等碱性肥料混施　草木灰、石灰等碱性较强，与沼肥混合，会造成氮肥的损失，降低肥效。

（三）葡萄园常用化学肥料与无机肥料

凡经过化学反应生产的肥料统称化学肥料，分别含有一种或两种以上的植物必需营养元素（分别称为单质化肥和复合化肥）。有些肥料未经复杂的化学反应，只是机械加工处理而制成，称为无机肥料。供给植物生长的矿质营养元素有氮、磷、钾、钙、镁、硫、铁、锰、锌、铜、钼、硼、氯，其中氮磷钾为大量元素，其余为中、微量元素，虽然植物对这些元素的需要量相差很大，但对植物的生长发育所起的作用同等重要，且不能相互替代，所以化肥的种类很多，在葡萄园常用的主要有下面这些。

1. 常用氮肥

氮肥是我国生产量最大，施用量最多，在农业增产中效果最突出的一类化肥。氮肥能促进蛋白质和叶绿素的形成，使叶色深绿，叶面积增大，促进碳的同化，有利于产量增加，品质改善。

（1）硫酸铵 ［硫铵，$(NH_4)_2SO_4$］　白色或淡褐色结晶体。含氮 20%～21%，易溶于水，吸湿性小，便于贮存和使用。硫铵是一种酸性肥料，长期使用会增加土壤的酸性。最好作追肥使用，一般每 667 米^2 施用量为 15～20 千克。

（2）尿素 ［$(NH_2)_2CO$］　白色晶体或颗粒，晶体呈针状或棱柱状，易溶于水，水溶液呈中性，吸湿性小，干燥条件下物理性质良好，常温下化学反应稳定，基本不分解。但遇高温，潮湿，也有一定的吸湿性，因此，贮运过程中应注意防潮。

尿素是含氮量最高的一种固体氮肥，含氮量 46%，为中性肥料，不含副成分，连年施用也不致破坏土壤结构。适用于各种土壤，易作基肥和追肥，尤其适合作根外追肥。作基肥时，撒施后耕翻入土，深度为 10 厘米，或者施后立即浇水。尿素施入土壤后，经土壤微生物分泌的尿酶作用，易水解成碳酸铵被作物吸收利用，通常尿素需几天的时间才能全部水解成碳酸铵，所以肥效比较慢，作追肥时应比硫铵提前几天施用。

（3）碳酸氢铵（碳铵，NH_4HCO_3）　白色细小结晶，易溶于水，易被作物吸收，水溶液呈碱性，易吸湿结块，常温下化学性质不稳定，易分解引起氨的挥发，有强烈的刺激性臭味，在贮藏，运输过程中应注意通风、低温防潮。

碳铵含氮 17%，可作基肥或追肥使用，深施覆土是碳铵的合理施用原则，基肥深度一般为 10～15 厘米，追肥 7～10 厘米为宜，以免氨气挥发。

（4）硝酸铵（硝铵，NH_4NO_3）　硝铵是当前世界上的一个主要氮肥品种，含氮量 33%～35%。目前生产的硝铵主要有两种：一种是结晶的白色细粒，细粒状的硝铵吸湿性很强，干燥时，容易结成硬块，空气湿度大的季节会潮解变成液体，湿度变化剧烈和无遮盖贮存时，硝铵体积可以增大，以致使包装破裂，贮存时应注意防潮；另一种是白色或浅黄色颗粒，颗粒硝铵如表面附有诸如矿质油、石蜡、磷灰土粉等防湿剂，吸湿性较小，可以在纸袋中保存，但也应注意防潮。硝铵有助燃性和爆炸性，不能与易燃品一起存放，结块的硝铵也不能用木棍、铁锤击打。

硝铵易溶于水，pH 呈中性，硝铵肥料施入土壤后，很快溶解于土壤溶液中，并电离为移动性较小的铵离子和移动性很大的硝酸根离子。由于二者均能被作物较好地吸收利用，因此硝铵是一种在土壤中不残留任何成分的氮肥，属于生理中性肥料。硝酸铵适用于各类土壤，由于硝酸根较大的移动性，除特殊情况外，一般不将硝铵作基肥和雨季追肥施用，作旱地追肥效果较好。

出于贮运与施用安全的考虑，以及硝态氮的水解及食物污染问题，有些国家明确控制硝态氮肥的施用范围与数量。为改善其吸湿性和防止燃爆危险，可将硝铵制成硝铵改性氮肥，如硝酸铵钙和硫硝酸铵。硝酸铵钙又名石灰硝铵，是将硝铵与碳酸钙混合共熔而成；硫硝酸铵则由硝铵与硫铵混合共熔而成，或由硝硫酸混合后吸收氨，结晶、干燥成粒而成。

（5）硝酸钙 $[Ca(NO_3)_2]$　硝酸钙常由碳酸钙与硝酸反应生成，也是某些工业流程（如冷冻法生产硝酸磷肥）的副产品。纯品为白色细结晶，肥料级硝酸钙为灰色或淡黄色颗粒，含氮量13%～15%。硝酸钙肥料极易吸湿，20℃时临界吸湿点为相对湿度的54.8%，很容易在空气中潮解自溶，贮运中应注意密封。硝酸钙易溶于水，在作物吸收过程中表现出较弱的碱性，有助于改善土壤的理化性质，由于含有充足的钙离子宜在缺钙的旱地土壤、酸性土壤和盐渍土壤上施用。含有19%的水溶性钙对果树、蔬菜、花生等作物尤其适宜。

（6）石灰氮（$CaCN_2$）　石灰氮又叫氰氨化钙、黑肥宝，是一种黑灰色带有电石臭味的油性颗粒，含氮素17%～20%、含钙50%，因含有石灰成分，故叫石灰氮。主要有粉剂和颗粒剂两种，针对粉剂施用时粉末飞扬，污染环境的弊端，近年来研制生产了施用方便、安全的颗粒石灰氮，成本相对更高，但效果更明显。

石灰氮是氮化肥中唯一不溶于水的肥料，施入到土壤中后，先与土壤中的水分、二氧化碳发生化学反应，生成氰氨化钙、氢氧化钙、游离氰氨和碳酸钙。氰氨化钙与土壤胶体上吸附的氢离子交换形成游离氰氨，进一步水解生成尿素，再进一步水解为碳酸铵。由于石灰氮中的氮素缓慢释放，而最终分解形成的铵态氮在土壤中又不易淋失，故氮肥肥效期可达3～4个月，可减少化学氮肥的施用量，降低农产品中硝酸盐的含量和对地下水的污染。石灰氮在土壤中分解产生的氢氧化钙，又能对酸性土壤有中和作用，还可预防作物缺钙症，增厚果皮及增强果皮韧性，减少果实生理性病害的发生，同时可增加水果及蔬菜的耐贮性。

石灰氮在分解为尿素的过程中产生的氰氨，能杀灭土壤中有害病原菌，驱避蜗牛和田螺，长期使用可抑制线虫的发生，减少土传病害，并能抑制杂草的生长，促进堆肥中秸秆等有机物的分解，具有土壤消毒与培肥地力的双重作用，是药、肥两用的土壤净化剂。石灰氮由于不易淋溶，可以防止土壤酸化，改良土壤结构，改良次生盐渍化土壤，增加土壤钙素和有机质，能使有效氮均匀缓慢释放，其有效成分全部分解为作物可吸收的氮，没有残留，满足大多数作物的需求，肥料的有效期达80天以上。

近年来，国际上许多专家学者对石灰氮深入研究，发现它是一种无残留、无污染、能改良土壤和抑制病虫为害的多功能肥料，当前无公害农产品生产中极具使用价值的一种生产资料。

2. 常用磷肥

磷是构成植物体多种有机化合物不可缺少的元素。磷元素能加速细胞分裂，促使根系和地上部加快生长，促进花芽分化，提早成熟，提高果实品质。目前，中国北方土壤缺磷严重，应该增施磷肥。对于部分地区在施用磷肥如过磷酸钙过程中出现土壤板结的情况，往往与磷肥质量和不科学的施肥方法有关。为了避免上述情况的发生，农民朋友在购肥、用肥过程中应注意：第一要购买质量可靠的磷肥产品；第二要采取科学的施肥方法。为了减少有效磷的固定，提高磷肥肥效，磷肥应作基肥开沟深施，以满足作物开沟以后对磷钾的大量需要。在生产上常用的磷肥有：

（1）过磷酸钙（普钙）　为灰白色或浅灰色粉末或颗粒状，稍带酸味，溶液成酸性，并具有腐蚀性，易吸湿结块，散落性差，在贮运过程中应注意防潮，且存放时间不宜过长。过磷酸钙含 P_2O_5 12%～18%，可作基肥和追肥使用，施入土壤后易被土壤固定而降低肥效，应尽量减少磷肥与土壤的接触面积，增加磷肥与根系的接触面积。具体可采取集中分层施用、配合有机肥施用或制成颗粒状，减少与土壤的接触；这样可以降低磷的固定，提高肥效。也可用作根外追肥，使作物直接吸收。

（2）重过磷酸钙（重钙）　含 P_2O_5 约45%，是一种高效磷肥。施用重钙的有效方法和过磷酸钙相同，重钙有效成分含量高，

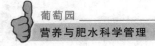
用量要相对减少。

（3）钙镁磷肥　钙镁磷肥多呈灰白、浅绿、墨绿、灰棕色、黑褐色粉末，是磷矿石与含镁、硅的矿石，在高炉中经过高温熔融、水淬、干燥和磨细而成，钙镁磷肥占我国目前磷肥总产量 17% 左右，仅次于过磷酸钙。是一种多元素肥料，不仅提供 12%～18% 的低浓度磷，还能提供大量的硅、钙、镁。水溶液呈碱性，可改良酸性土壤。

钙镁磷肥没有任何气味，不溶于水，不吸潮，不结块，便于包装和贮运。它适用于缺磷的酸性土壤，适合作基肥深施。钙镁磷肥施入土壤后，其中磷只能被弱酸溶解，要经过一定的转化过程，才能被作物利用，所以肥效较慢，属缓效肥料。一般要结合深耕，将肥料均匀施入土壤。

钙镁磷肥与普钙、氮肥配合施用效果比较好，但不能与它们混施；通常不能与酸性肥料混合施用，否则会降低肥料的效果；一般每 667 米² 用量要控制在 15～25 千克。过多地施用钙镁磷肥，其肥效不仅不会递增而且会出现报酬递减的问题，如果每 667 米² 施钙镁磷肥 35～40 千克时，可隔年施用。

3. 常用钾肥

钾元素可以提高光合作用的强度，促进作物体内淀粉和糖的形成，增强作物的抗逆性和抗病能力，还能提高作物对氮的吸收利用。

（1）硫酸钾　是无色结晶体，吸湿性小，不易结块，物理性状良好，施用方便，是很好的水溶性钾肥，也是化学中性、生理酸性肥料。

硫酸钾在不同土壤中施用要注意：

第一，在酸性土壤中，多余的硫酸根会使土壤酸性加重，甚至加剧土壤中活性铝、铁对作物的毒害；在淹水条件下，过多的硫酸根会被还原生成硫化氢，使到根受害变黑。所以，长期食用硫酸钾要与农家肥、碱性磷肥和石灰配合，降低酸性，在实践中还应结合排水晒田措施，改善通气。

第二，在石灰性土壤中，硫酸根与土壤中钙离子生成不易溶解的硫酸钙（石膏）。硫酸钙过多会造成土壤板结，此时应重视增施农家肥。

第三，葡萄是忌氯作物，增施硫酸钾不但产量提高，还能改善品质。

（2）草木灰　草木灰是农村广泛使用的一种农家钾肥，主要成分是碳酸钾。是含钾、钙、磷较丰富的一种有机肥料，还含有少量的硼、铝、锰等微量元素。碳酸钾是强碱弱酸盐，在水中发生水解产生 OH^- 离子，适用于酸性土或黏性土，尤其适用于葡萄等对氯敏感的作物，草木灰可作基肥和追肥施用。以早春撒施效果最佳，不仅可满足果树生长发育的需要，还可提高地温，有利根系生长。草木灰呈碱性，不能与铵态氮肥混合施用，以免氨的挥发。

4. 常用氮磷钾复合肥

复合肥料是指由化学方法制成的复混肥，即成分中同时含有氮、磷、钾三要素或含其中任何两种元素的化学肥料，按其所含氮、磷、钾有效养分不同，可分为二元、三元复合肥料。随着农业的发展，复合肥料特别是高浓度复合肥料是化肥品种发展的必然趋势，目前，美国、西欧和日本等化肥总消费量中的 40%～50% 的 N、80%～85% 的 P_2O_5 和 85%～90% 的 K_2O 是以复合肥料的形式提供的。

（1）复合肥料的特点　复合肥对于平衡施肥，提高肥料利用率，促进作物的高产稳产有着十分重要的作用。综合来看复合肥的优点包含以下几方面：

①养分含量高　复合肥的养分总量一般比较高，营养元素种类较多，一次施用复合肥，至少同时可供应作物两种以上的主要营养元素。

②副成分少，结构均匀　例如磷酸铵不含任何无用的副成分，其阴、阳离子均为作物吸收的主要营养元素，这种肥料养分分布比较均一，对土壤不利影响小，制成颗粒后与粉状或结晶状的单元肥料相比，养分释放均匀，肥效稳而长。

③物理性状好　复合肥一般多制成颗粒，吸湿性小，不易结块，便于贮存和施用，特别便于机械化施肥。

④节省贮运费用和包装材料　由于复合肥中副成分少，有效成分含量一般比单元肥料高，所以能节省包装及贮存运输费用。

但它也有一些缺点：

①养分的比例固定，而不同土壤、不同作物所需的营养元素种类、数量和比例是多样的。因此，使用前最好进行测土，了解田间土壤的质地和营养状况。另外也要注意和单元肥料配合施用，才能得到更好的效果。

②各种养分在土壤中运动速率各不相同，被保持和流失的程度不同，因而在施用时间、施肥位置等很难满足施肥技术上的要求。

（2）复合肥的种类　复合肥料实际包括复合肥和复混肥两类，二者在肥效上差别不大，2002年国家有关部门下发了新的肥料生产标准，把复合肥和复混肥统归为一大类。比较而言，复混肥生产成本低，只要把各种基础肥料配齐，掺在一起搅拌均匀就可以了。复合肥生产需要提供一定的条件，让原料进行化学反应，然后再喷浆造粒，所需的成本比复混肥高得多，在市场上同样养分含量的复合肥比复混肥价格高100～200元/吨。所以到底是买复合肥还是买复混肥，要看它们的养分含量是不是自己所需要的，价格是否合适。购买复合肥时主要看是否存在结块现象，购买复混肥则要看颗粒大小是否均匀。

常用的几种复合肥有：

①磷酸一铵（$NH_4H_2PO_4$）　是以磷为主的氮磷复合肥料，有效成分含N 12%、P_2O_5 60%，呈酸性，易溶于水，水溶液为中性，适合各种土壤，最适合条施作基肥。

②磷酸二铵〔$(NH_4)_2HPO_4$〕　是以磷为主的氮磷复合肥料，有效成分N 21%、P_2O_5 53%，呈碱性，易溶于水，水溶液为中性，适合各类作物，作基肥条施。

③磷酸二氢钾（KH_2PO_4）　有效成分含 P_2O_5 24%、K_2O 27%，白色，易溶于水。因价格较高，在大面积生产中多用于根

外追肥，浓度为 $0.2\%\sim0.3\%$。

④氮磷钾复合肥　含氮磷钾各 10% 左右，淡褐色颗粒。氮钾均为水溶性，有一部分磷是水溶性的。主要用作基肥。

大量试验表明，不论是二元还是三元复合肥均以基施为好。控释复合肥在生产过程中采用了包衣、造粒等工艺，肥效缓慢平稳，比单质化肥分解慢，养分淋失少，肥效长，利用率高，适合于作基肥。复合肥不宜用于中后期肥，以防贪青徒长。

5. 葡萄园常用中量元素肥料

中量元素肥料主要是指钙、镁、硫肥，这些元素在土壤中贮存较多，一般情况下可满足作物的需求，但近年来随着高浓度氮磷钾而不含中量元素化肥的大量施用，以及有机肥施用量的减少，在一些土壤上表现出作物缺乏中量元素的现象，我国有关部门对中量元素的研究和应用已重视起来，部分地区施用中量元素肥料已取得增产效果，随着对中量元素研究的不断深入，有针对性地施用和补充中量元素的肥料将会取得更加明显的效果。

（1）常用钙肥　主要有石灰〔生石灰 CaO、熟石灰 $Ca(OH)_2$〕、石膏、过磷酸钙、钙镁磷肥等。

生石灰又叫烧石灰，是将石灰石或贝壳放入窑内加热烧灼后即成。白色块状，呈强碱性，在贮存过程中吸湿后转化为熟石灰，长期露天存放，吸收空气中的二氧化碳，又能转化为碳酸钙。

生石灰和熟石灰具有很强的中和土壤酸性能力，是常用的一种石灰肥料。

石灰作为植物的间接肥料，主要通过对土壤酸碱性进行调节，改变植物的生长环境。所以使用上要注意先测定土壤的酸碱度，在用量和用法上都应按其酸碱性进行施加。土壤酸性强，活性铝、铁、锰的浓度高，质地黏重，耕作层厚时石灰用量适当多些，坡度大的上坡地要适当增加用量。

（2）常用镁肥　常用镁肥主要有钙镁磷肥、硫酸镁、白云石、氧化镁等。

镁是作物必需的营养元素，是叶绿素的组成部分，能促进光合

作用，从而提高果品和蔬菜品质；能促进作物对磷、硅元素的吸收，增强磷的营养代谢，提高作物抗病能力。随着氮、磷、钾等化肥的施用，作物产量的不断提高，土壤中的镁消耗多、补充少，作物缺镁现象在各地陆续出现。据有关资料介绍，目前全国约有54%的土壤需不同程度的补充镁肥。

镁肥应用需根据土壤酸碱度选用镁肥品种，对中性及碱性土壤，宜选用速效的生理酸性镁肥，如硫酸镁；对酸性土壤，宜选用缓效性的镁肥，如白云石、氧化镁等。

镁肥可用于基肥、追肥或叶面喷施。作基肥，要在耕地前与其他化肥或有机肥混合撒施或掺细土后单独撒施。作追肥要早施，采用沟施或兑水冲施。向土壤施用镁肥每 667 米² 硫酸镁的适宜用量为 10～13 千克，折合纯镁每 667 米² 为 1.0～1.5 千克。叶面喷施可在葡萄生长前期、中期进行，可喷施 0.2%～0.3% 硫酸镁水溶液来补充镁营养。

（3）常用硫肥　以元素硫为基础原料制成的硫肥，含硫量高，包括前面提到过的普通过磷酸钙、硫酸铵、硫酸镁、硫酸钾等。现代肥料先进技术开发了许多适合于直接施用和作为 NPKS 多元复合肥料添加剂的新硫基肥料品种。

①硫黄　农业上常使用硫黄降低土壤 pH 和改良盐碱土壤，然而在农业生产中用作养分肥料使用直到最近才引起人们的重视。

硫黄是一种惰性、不溶于水的黄色结晶固体。商业上它可以露天堆放，湿度和温度变化时它保持不变。当硫黄磨细后施入土壤，遇到土中的氧，在植物根茎细胞作用下，氧化成二氧化硫，遇水形成低浓度硫酸，可随雨水或灌溉水逐渐分散。大面积的植物根茎共同作用，可使施肥地较快形成酸性地，可用于中和碱地，其效果与其他硫酸盐肥料的肥效相等。

硫肥的施用方式会影响其氧化率，撒施并且与土壤混合优于条施。硫颗粒在土壤中均匀分布有以下好处：①与土壤中氧化微生物接触的表面积较大；②减少酸性过高所引起的潜在问题；③使水分关系更加理想。如果是硫与 SO_4^{2-} 都是施在土壤表面，SO_4^{2-} 的初始肥效更佳，因为 SO_4^{2-} 为水溶性，会随渗透水移动到植物根区，而硫则需先氧化成 SO_4^{2-}，特别是硫施于土壤表面时更是如此。

②在国外硫肥已得到广泛应用，硫肥新品种也不断研制成功，例如有多种颗粒可分散性硫黄-膨润土肥料产品，为添加 5％～10％膨胀性黏土，如膨润土，与微细硫黄一起制成颗粒，以提高肥效，其颗粒大小与固体氮肥、磷肥和钾肥一致，便于掺混。此类肥料施入土壤后，其膨润土组分吸收土壤中的水分后膨胀、粉化，使其中的微细硫黄分散，可促进硫黄更迅速地转化为 SO_4^{2-}。此类肥料广泛应用于高浓度散装掺混肥料的配方中，作为作物养分硫来源。因为它的元素硫物性优良，在土壤中容易转化为 SO_4^{2-}。

硫黄与氮磷肥料制成复肥使用时，其氧化速率比硫黄单独施用更快。在酸性和碱性土壤中，与重钙和磷酸二铵一起造粒的硫黄比单独施用时氧化速度快。因为氮、磷或钙养分对硫氧化微生物生长有促进作用，以及肥料颗粒周围的水分条件更为适宜。

近年来，发展了一种新的技术，把熔融的元素硫涂包在尿素颗粒表面，一方面向土壤提供硫元素，另一方面使尿素成为缓效氮肥以提高氮素的利用率。

6. 葡萄园常用微肥

微肥是经过大量的科学试验与研究，已经证实具有一定生物学意义的，植物正常生长发育不可缺少的那些微量营养元素，在农业上作为肥料施用的化工产品有硼肥、锌肥、锰肥、铜肥、铁肥、钼肥、钴肥等。作物对微量元素需要量虽然不如常量（大量）元素多，但它们同常量元素一样是同等重要的，不可互相代替。微肥的施用，要在氮、磷、钾肥的基础上才能发挥其肥效，同时，在不同的氮、磷、钾水平下，作物对微量元素的反应也不相同。一般说来，低产土壤容易出现缺乏微量元素的情况；高产土壤，随着产量水平的不断提高，作物对微量元素的需要也会相应增高，葡萄等果树与一年生的大田作物相比，具有固定一地生长十几年甚至几十年的特点，土壤中的微量元素亏损显得比大田作物突出，必须重视果树的微肥施用问题。但是如果减少大量元素肥料的施用量，而只靠

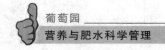

增施微肥来获得高产，也是错误的。

（1）铁肥　主要有硫酸亚铁、柠檬酸铁、硫酸亚铁铵、铁的螯合物等。

用于治疗缺铁症，葡萄缺铁主要表现幼叶失绿，病株上叶片除叶脉保持绿色外，叶面全面黄化，而这时老叶仍为绿色，这是缺铁症的特有表现。缺铁严重时叶面呈现象牙色，甚至变为褐色，形成叶片坏死，花序也变为浅黄色，花蕾脱落，坐果率严重下降。

硫酸亚铁为常用种类，每 667 米^2 土壤追施 5 千克，叶面喷施浓度为 0.2%～0.8%，每隔 5～7 天喷 1 次，共喷施 2～3 次。

（2）硼肥　主要有硼砂、硼酸、硼镁肥等。

用于治疗缺硼症。果树缺硼时，幼叶变小，老叶呈水渍状斑驳或斑点，叶尖向内卷曲，小枝顶枯，幼果大量脱落，造成减产。

硼砂、硼酸为常用硼肥，每 667 米^2 土壤追施 0.5～0.7 千克，可在花期叶面喷施 0.1%～0.3%硼酸或硼砂，可取得良好效果。

（3）锌肥　主要有硫酸锌，另外还有氧化锌、氮化锌、螯合态锌等。

锌与植物生长素的合成有关，缺锌时植物生长素不能正常形成。葡萄缺锌时枝、叶、果生长停止或萎缩枝条下部叶片常有斑纹或黄化；新梢顶部叶片狭小或枝条纤细，节间短，失绿，并形成大量的无籽小果。在栽培品种中，欧亚种葡萄对缺锌较为敏感，尤其是一些大粒型品种和无核品种如红地球、森田尼无核等对锌的缺乏更为敏感。

硫酸锌为常用锌肥，土壤追施每 667 米^{2}1～2 千克，葡萄开花前开始每半月左右叶面喷 1 次 0.1%～0.3%硫酸锌，不仅能促进浆果正常生长、提高产量和含糖量，同时也可促进果实提早成熟。

（4）铜肥　主要有硫酸铜、氧化铜、螯合态铜、含铜矿渣等。

用于治疗缺铜症，果树缺铜时，叶片失绿，夏季顶梢枯死，果实小，果肉变硬。

硫酸铜为常用铜肥，每 667 米^2 土壤追施 0.8～1.5 千克，叶面喷施浓度 0.01%～0.05%。

经常施用波尔多液的果园则一般不需专门施用铜肥。

（5）锰肥　主要有硫酸锰、碳酸锰、氯化锰、氧化锰等。

用于治疗缺锰症。酸性红（黄）壤果园易发生缺锰。缺锰时，叶片从新叶开始失绿发黄，但叶脉及叶脉附近保持绿色，严重缺锰叶面发生黑褐色细小斑点。

硫酸锰是常用的锰肥，每 667 米^2 土壤追施 1～2 千克，可在梢生长至开花前叶面喷施，浓度 0.05%～0.2%，连喷 2 次，可明显促进枝叶生长和坐果。

（6）钼肥　主要有钼酸铵、钼酸钠、三氧化钼等。

用于治疗缺钼症。红壤果园易出现缺钼情况，缺钼时果树生长不良，植株矮小，叶脉间失绿变黄或出现黄斑，叶缘卷曲、萎蔫而枯死。

钼酸铵是常用的钼肥，每 667 米^2 土壤追施 50～150 克，或新梢抽发前后喷雾，喷施浓度 0.01%～0.2%，效果较好。

（四）葡萄园常用微生物菌肥

微生物菌肥是指含有活性微生物的特定制品。是根据土壤微生态学原理、植物营养学原理以及有机农业的基本概念而研制出来的。土壤主要由矿物质、有机质和微生物三大部分组成，微生物的活性大小，对植物根部营养非常重要，因为土壤中的有益微生物直接参与土壤肥力的形成，包括土壤中物质和能量的转化、腐殖质的形成和分解、养分的释放、氮素的固定等。但纯自然状态下有益微生物数量不够，作用力也有限。因此，采用人为方式向土壤中增加有益微生物数量，就能够增强土壤中微生物的数量和整体活性，从而明显提高土壤的肥力。

微生物肥料是以微生物的生命活动导致作物得到特定肥料效应的一种制品，是农业生产中使用肥料的一种，使用效果优于普通有机肥和化肥。其在我国已有近 50 年的历史，从根瘤菌剂—细菌肥料—微生物肥料，说明我国微生物肥料正在逐步发展。

1. 微生物菌肥的功效特点

（1）减少化肥用量 随着化肥的大量使用，其利用率不断降低已是众所周知的事实。这说明，仅靠大量增施化肥来提高作物产量是有限的，更何况还有污染环境等一系列的问题。为此各国科学家一直在努力探索提高化肥利用率达到平衡施肥、合理施肥以克服其弊端的途径。微生物肥料在解决这方面问题上有独到的作用。微生物经再增殖后含有大量的固氮菌，可以大大提高土壤中的中微量元素含量，减少氮磷钾和其他中微量元素的施用量；同时含有多种高效活性有益微生物菌，增加土壤有机质，加速有机质降解转化为作物能吸收的营养物质，大大提高土壤肥力，减少化肥用量高达30%～60%。

（2）促进果树生长发育，提高抗逆能力，增产效果明显 在果树上应用，可促进根系生长、开花整齐、保花、保果、落叶期晚、抗早春病害、防止早衰、抗旱、抗寒。增产效果达20%～60%，还可改善果品品质，使农民增收。

（3）改良土壤，提高作物抵抗病虫害的能力 微生物肥料中有益微生物能产生糖类物质，占土壤有机质的0.1%，与植物黏液、矿物胚体和有机胶体结合在一起，可以改善土壤团粒结构，增强土壤的物理性能和减少土壤颗粒的损失，在一定的条件下，还能参与腐殖质形成。所以施用微生物肥料能改善土壤物理性状，有利于提高土壤肥力，提供额外的天然植物生长的激素和抗生素。使根系发达，吸收能力增强，提高作物免疫力和抵抗力；同时还能抑制土壤中的真菌和线虫及植物根部病虫害，从根本上减少了农药的使用量。

（4）无毒、无害、无污染，用于生产无公害、环保、绿色有机农作物 随着人民生活水平的不断提高，尤其是人们对生活质量提高的要求，国内外都在积极发展绿色农业（生态有机农业）来生产安全、无公害的绿色食品。生产绿色食品过程中要求不用或尽量少用（或限量使用）化学肥料、化学农药和其他化学物质。它要求肥料必须保护和促进施用对象生长和提高品质，不造成施用对象产生和积累有害物质，对生态环境无不良影响。微生物肥料基本符合以上三原则。近年来，我国已用具有特殊功能的菌种制成多种微生物肥料，不但能缓和或减少农产品污染，而且能够改善农产品的品质。

（5）利于环境保护　利用微生物的特定功能分解发酵城市生活垃圾及农牧业废弃物而制成微生物肥料是一条经济可行的有效途径。目前已应用的主要是两种方法，一是将大量的城市生活垃圾作为原料经处理由工厂直接加工成微生物有机复合肥料；二是工厂生产特制微生物肥料（菌种剂）供应于堆肥厂（场），再对各种农牧业物料进行堆制，以加快其发酵过程，缩短堆肥的周期，同时还提高堆肥质量及成熟度。微生物肥料可减少温室气体排放高达40%～50%，对全球环境友好。

2. 常用的微生物菌肥

我国微生物肥料的研究、生产和应用已有60多年的历史，基本形成了微生物肥料产业，已逐渐成为肥料家族中的重要成员。微生物肥料按制品中特定的微生物种类分为细菌肥料（根瘤菌肥料、固氮菌肥料）、放线菌肥料（抗生菌类）、真菌类肥料（菌根真菌）；按其作用机理分为根瘤菌肥料、固氮菌肥料、磷细菌肥料、硅酸盐细菌肥料。目前在农业部登记的产品种类有12个，包括根瘤菌剂、固氮菌剂、硅酸盐菌剂、溶磷菌剂、光合菌剂、有机物料腐熟剂、复合菌剂、微生物产气剂、农药残留降解菌剂、水体净化菌剂和土壤生物改良剂（或称生物修复剂）。

随着微生物肥料行业的不断发展，并且根据产品的实际检测结果，2000年颁布了《根瘤菌肥料》（NY 410—2000）、《固氮菌肥料》（NY 411—2000）、《磷细菌肥料》（NY 412—2000）和《硅酸盐细菌肥料》（NY 413—2000）4种相应的菌剂产品标准。

（1）根瘤菌肥　根瘤菌剂是最早研发的产品，已在全世界范围推广应用。根瘤菌肥是将豆科作物根瘤内的根瘤菌分离出来，加以选育繁殖，制成产品，即是根瘤菌剂或称根瘤菌肥料。适宜于中性微碱性土壤，可与有机肥掺和施用。

（2）**固氮菌肥** 指含有大量好气性自生固氮菌的细菌肥料，自生固氮菌不与高等植物共生，它独立生存于土壤中，能固定空气中的分子态氮，并将其转化为植物可利用的化合态氮素。作基肥应与有机肥配合，沟施或穴施，施后立即覆土。也可用作追肥，调成稀泥浆状，施入根部覆土，固氮菌肥不宜与过酸、过碱肥料或杀菌农药混施，适于中性或微碱性土壤，酸性土可用石灰调节。

（3）**金宝贝微生物菌肥** 金宝贝生物菌肥是从有益微生物中挑选存活率高、适应性强、对植物具备保护及帮助作用的功能型益生菌，经分离、提纯、加工和栽培培养而成，是新一代天然、高效、浓缩、广谱型的微生物菌肥，国家专利微生物制品。

金宝贝生物菌肥为粉剂，微生物含量达两亿以上。金宝贝生物菌肥可改变土壤结构，增肥地力，能够加强植物的吸收能力，包括矿物元素及水分的吸收；促进植物的生长发育，加强生理代谢，增强植物的抗病性及抗逆性，促进高产、优质。

具体使用方法有：①开沟施用，通常用于比较大的植物，果树或者是移栽的树木等。②穴施，比较有针对性，适用于中小型苗木等。③混施，通常配合其余肥料一同使用，达到互惠互利的综合效果，具体因情况而异。④喷施，将金宝贝微生物菌肥溶于水中，直接叶面喷施，效果很好。

（4）**百欧盖恩微生物菌肥** 选用畜禽粪便、作物秸秆及其他农业废弃物，添加复合高效生物功能菌种和植物所需的微量元素及活性物质，采用生物高新技术研制而成。该产品系纯天然肥料，具有提高肥料的利用率、固氮、解磷、解钾、改良土壤、壮根、产生抗生素抑制土壤线虫害，缓解农药、化肥残留物和重金属离子的危害，提高产量、改善品质等多重功效，有长效性、温和性、保肥性、缓冲性和无害性五大优点，广泛适用于各类果树，是生产有机食品、绿色食品的首选用肥，能提高果品的产量、品质，具有良好的经济效益。

外观为褐色、黄褐色粉状或粒状，无机械杂质，含腐殖酸45%、有机质30%以上，有效活性菌数≥200亿/千克。在果树类施用，每株施 1～2 千克，将肥料与土壤搅拌均匀施于树周围 15～20 厘米处。

3. 微生物肥料使用注意事项

（1）微生物肥料过期不能用　菌肥必须保存在低温（最适温度 4～10℃）、阴凉、通风、避光处，以免失效。有的菌种需要特定的温度范围，如哈茨木霉菌需要保存在 2～8℃ 的恒温箱内，有效期为一年；而一些芽孢杆菌要根据生产质量高低，芽孢化高的能保存一年半甚至更久，芽孢化不好的达不到半年就失效。所以购买微生物肥料不可以贪图便宜选择过期产品，这样的生物菌含量很少，失去功效，一般超过两年的生物菌肥要慎重选择。

（2）根据菌种特性，选择使用方法　建议在使用生物菌肥的时候，基施可用撒施、沟施、穴施，也可以撒施一部分，剩余部分穴施效果更佳。

不建议冲施生物菌肥，这样效果不佳。但是，液体生物菌肥可以灌根。

（3）尽量减少微生物死亡　施用过程中应避免阳光直射；不可与农药、化肥混合施用，如多菌灵、恶霉灵、硫酸铜等药剂，以免杀灭菌肥中的有益菌。

（4）为生物菌提供良好的繁殖环境　菌肥中的菌种只有经过大量繁殖，在土壤中形成规模后才能有效体现出菌肥的功能，为了让菌种尽快繁殖，就要给其提供合适的环境。

①适宜的 pH。一般菌肥在酸性土壤中直接施用效果较差，如硅酸盐细菌需要在 pH 7～8 土壤中生存，所以要配合施用石灰、草木灰等，以加强微生物的活动。

②微生物生长需要足够的水分，但水分过多又会造成通气不良，影响好气性微生物的活动，因此必须注意及时排灌，以保持土壤中适量的水分。

③生物肥料中的微生物大多是好气性的，如根瘤菌、自生固氮菌、磷细菌等。因此，施用菌肥必须配合改良土壤和合理耕作，以保持土壤疏松、通气良好。

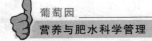
（5）使用生物菌肥必须投入充足的有机肥　有机质是微生物的主要能源，有机质分解还能供应微生物养分。因此，施用生物肥料时，配合施用有机肥料，不但可加快有机肥的腐熟速度，而且能促进菌群的形成，提高菌肥的肥效。但生物菌肥不宜与氮磷钾大量元素肥料共同使用，以免杀死部分微生物菌，降低肥效。钼是根瘤菌合成固氮酶必不可少的元素，钼肥与根瘤菌肥配合施用，可明显提高固氮效率。

六、葡萄园施肥方式与方法

（一）土壤施肥

土壤施肥是一种传统的施肥方式，即将肥料直接施入土壤中，其主要特点是：一次性施入量可以相对较大，因土壤本身具有很大的缓冲作用，同时肥料需要通过溶于水中被根系吸收后利用，所以可以施入相对较高浓度肥料，大量补充土壤养分损失，也不易立即、直接对植物造成损伤。根系是植物营养吸收最主要的器官，土壤施肥直接供应根系营养。土壤施肥常结合土壤耕作可同时起到改良土壤的作用，但相对费时、费工。主要做法有以下几种。

（1）条（沟）状施肥　沿葡萄栽植的行向在距葡萄根颈 30～40 厘米处挖一条 30～40 厘米深沟（施有机肥）或 10 厘米浅沟（施化肥），将肥料均匀撒入沟内，回填土壤，浇水。对于有机肥的施用，一年仅可在一侧进行挖沟，因挖沟一定会伤及根系，如果一次性伤根过多，会对树体吸收营养造成巨大影响，削弱树势。挖沟时应尽量避让较粗大的根。

（2）穴状施肥　用于施有机肥时，在距葡萄植株 30～40 厘米处挖直径 40 厘米、深 40 厘米穴，一般每株挖 2 个，在树两边相对进行，然后施入腐熟好的有机肥，回填土壤。第二年沿连上一年位置错开进行，通过 4～5 年（次）实现全株区域有机肥施用。这种施肥方法在施用肥料的同时对局部土壤性状进行了改良，相对于条沟状施肥，穴状施肥更加集中，改良效果更好。以后在相邻部位继续进行，原改良的土壤可以保持相对稳定，有利于根系稳定生长。对于土壤条件较差、有机肥源不足的葡萄园采用这种方法施肥效果

更佳。

用于施化肥时，在距葡萄植株 30～40 厘米处挖浅穴，随挖、随施入化肥，回填土壤。

（3）放射状施肥　对栽植株行距较大的葡萄园的有机肥施用可以采用这种方式。从距葡萄根颈 20 厘米处向外挖沟，由浅渐深至外沿达 40 厘米深、由窄渐宽达 30～40 厘米宽，沟长 40～60 厘米，全株依肥料多少可挖沟 2～4 条，然后将有机肥填入沟内，回填土壤，浇水。

（4）撒施　即将肥料直接撒于葡萄园地面上，多数情况下是撒于行内树冠下，可用于有机肥和化肥的施用。如果是施用化肥，则随后立即进行浇水，以减少化肥的损失；对于有机肥，有条件的可以进行一次土壤浅翻或用旋耕机进行一次旋耕。这种方法简便易行，但对改良土壤效果有限。

（二）叶面喷肥

叶面喷肥是指将无毒无害、含有各种营养成分的有机或无机营养液，按一定的剂量和浓度，喷施在植物的叶面上，起到直接或间接供给养分的作用，也称根外追肥。叶面喷肥的主要特点是简便易行，吸收不受根系生长的影响，应用时期灵活。叶面喷肥补充营养迅速，在植物生长关键时期，如植物出现某些营养元素缺乏症，采用叶面施肥，能使养分迅速通过叶片进入植物体，补充养分。另外，某些肥料如铁、锰、锌肥等，如果作根施易被土壤固定，影响施用效果，而采用叶面喷施就可避免遭受土壤条件的限制。

但叶面喷肥同时也因用肥少（其实只能用少量肥，受叶片吸收能力所限，若加大肥量喷施则极易出现药害），其作用维持时间短，因此，施用时应注意使用的时期，在植物需求某些元素的关键期前一段时间进行施用，如葡萄缺硼、锌症的防治与矫正，则可在花前一周进行叶面喷肥。

叶面喷肥效果受温度、湿度、风力等环境因素影响较大。一般气温在 18～25℃时喷施为好，叶片吸收快，最好选择无风、阴天或湿度较大、蒸发量小的上午 9 时以前或下午 4 时以后进行，如喷后 3～4 小时遇雨，则需进行补喷。

为节省用工，叶面喷肥可与杀虫剂、杀菌剂一起喷施。但要注意药剂酸碱性，防止叶面肥与之发生化学反应使肥效和药效遭到破坏。

应注意的是，叶面喷肥施肥量小，在补充大量元素缺乏方面能力有限，对植物需求量大的营养元素如氮、磷、钾等，据测定要10 次以上叶面施肥才能达到根部吸收养分的总量，因为根部比叶部有更大、更完善的吸收系统，因此叶面施肥不能完全替代作物的根部施肥，只能是土壤施肥的补充方式，必须与根部施肥相结合。

（三）灌溉施肥

灌溉施肥为土壤施肥的一种特殊形式，即结合灌溉过程，将肥料溶入灌溉水中，在灌溉的同时将肥料带入土壤中。较为原始的灌溉施肥方法是通过沟灌追施肥料，将肥料事先溶于水中，随灌溉水施入土壤中。出现的问题是往往入水口处灌溉的水过量，而远离入水口一端的灌溉量偏低，造成了水分和施肥的不均衡。整地高低不平也会造成水肥不均匀，低洼处水肥过量，高处水肥不足。

滴灌与施肥相结合是实现灌溉施肥的有效手段。在滴灌系统中配以一定比例的全水溶的肥料，可以准确、定量地将肥料施入葡萄根系集中区（长期滴灌园区葡萄根系分布与灌溉滴头所在位置相关），可以提高肥料利用率，同时省工、省肥，施肥可少量多次，简便易行。一般硝酸钾、硝酸铵、磷酸二氢钾、硝酸钙、硝酸镁、硫酸镁、硼砂、钼酸铵、含多种螯合态微量元素的全水溶性复合肥等肥料比较适合在滴灌施肥中使用，以防止滴头被堵。

七、葡萄土肥水管理应注意的问题及技术要点

（一）葡萄合理施肥与灌水应注意的几个问题探讨

1. 葡萄"亚健康"状态与缺素症的防和治

"亚健康"一词主要是针对人体健康提出的，是指人非病、非健康，界于健康与疾病之间的状态，是一种临界状态。处于亚健康状态的人，虽然没有明确的疾病，但却出现精神活力和适应能力的下降，如果这种状态不能得到及时纠正，容易引起心身疾病。在此，我们将"亚健康"一词引入葡萄营养状态中，表示葡萄植株体内营养元素含量低于其适宜值，对植株生长产生一定的影响，但在外观上仍没有明显表观的状态。如不及时对这些营养元素进行补充，植株将很快表现出缺素症状。

葡萄缺素症是当葡萄缺少某种元素时或某种元素比例不适时葡萄在外观上的表现，一般是在这种缺乏达到一定程度时才出现，如锌元素在葡萄叶中含量低于 10～12 毫克/千克时可能会出现问题，但只有在含量降到 5 毫克/千克左右时才出现明显的缺素症状。因此，对于葡萄缺素症的防治中防大于治，消除植株"亚健康"状态。在增施有机肥、提高土壤有机质的前提下，重视元素的植物可吸收形态转化及元素间的相互作用，分析缺素症形成的原因，必要时适时、适量、平衡补充矿质元素。

2. 肥与水关系及肥水与葡萄生长关系

土壤中营养元素的吸收是通过水分经根系进入植物体内的，适当的水分有利于营养元素溶解、根系吸收。土壤干旱时，营养元素溶解度低、移动性差，可利用程度低，影响吸收；而过多的水分则

易造成养分淋溶损失，同时土壤通气性差，根系活力低，同样影响根系对矿质元素的吸收利用。

土壤肥水供应与地上部葡萄生长结果具有相互促进和制约的关系，良好的肥水供应是葡萄健康树势、正常生长结果的保障，而不适的肥水供应常导致树势不稳、果实品质差。其中偏施氮肥和浇水过量问题突出，由于我国灌溉仍以大水漫灌为主，灌溉量不易控制，一次浇水量过大，枝叶生长量大，反过来又加大了对肥水的需求量，同时大水漫灌对氮肥的淋溶程度大，是造成我国葡萄园氮肥需求量远高于国外推荐用量的主要原因之一。寻找适宜我国现行葡萄栽培体系下的合理肥水管理措施势在必行。

3. 叶面喷肥与土壤施肥

葡萄对矿质元素的吸收主要是根系，但地上部不同器官尤其是叶片也有一定的吸收能力。因而在土壤施肥的基础上，进行叶面喷肥（根外追肥）可以起到补充植株营养元素的作用，尤其是微量元素，需求量小，采用叶面喷肥往往就能满足植株的需求，同时，叶面喷肥还可以避免元素在土壤中的固定，利用率相对高，在防治由微量元素缺乏导致的缺素症时效果甚佳。而对于大量元素，通过叶面喷肥虽然也可以补充一定量，但一般来说所补充的量相对于所需求的相差甚远，需要多次喷施才能达到所需量，综合考虑成本等因素，不建议采用叶面喷肥方式，而应以土壤施入补充为宜。

增施有机肥是提高矿质元素水平的起点与维持较高矿质元素供应水平的有效措施。施用有机肥可增加土壤有机质，土壤有机质含量对营养物质的有效性起重要作用。因为有机质能改变土壤 pH，能螯合土壤中的金属离子，改变土壤的物理特性，增加土壤的保水能力，增加以有机质为碳源的土生真菌的数量，从而间接地影响某些元素可利用的程度，解决某些元素虽在土壤中丰富存在，但不可为葡萄利用的问题。因此，加强土壤管理为葡萄肥水管理之中心。

4. 关于土壤改良与施肥及灌水方式、方法

传统的土壤改良与施肥操作是在树两侧开沟进行或撒施在全园翻入土壤中，由于我国大部分葡萄园土壤有机质含量低，施入的有

机肥量相对而言远远不足，如果能将有限的有机肥集中在根系局部，则对该部位根域范围内土壤性质起到决定性的改变。大量数据证实，葡萄 1/4～1/3 根系处于良好的肥水条件下，即可满足树体对营养与水分的需求。同时，对局部改良的土壤可保持数年不动，有利于根系环境和土壤结构的稳定。

灌水方式众所周知的是滴灌优于大水漫灌，以往强调的多是从节水的角度出发，但近年来研究表明，滴灌最大的优点还在于可以实现定量灌溉，即可以根据树体需水量进行灌溉，同时还可以在灌溉水中追加肥料。人们可以利用水分供应多少来达到控制树体营养生长、减少生物损耗、提高果实品质的目的。一般认为，葡萄在缺水的情况下，生殖生长所受的影响小于营养生长，因此可以利用适当的水分胁迫减少营养生长而不影响结果。国际上流行的葡萄水分管理是供应其所需的 80％ 水分。针对我国目前多数葡萄园仍沿用大水漫灌的现状，在不同时期可采取分区或分行进行局部灌溉。

（二）加强构建葡萄园和谐循环肥力生态体系

在葡萄栽培过程中，我们肯定会考虑到葡萄是整个葡萄栽培的主体，优质葡萄生产是我们的目的，一切生产栽培措施是为达到此目的而实施的；但同时我们不应将葡萄生产孤立起来，要努力构建葡萄园和谐生态体系，其中循环肥力为重要因素之一。只有这样才有利葡萄生产的稳定、可持续发展，实现优质、高效、低耗生产，取得更高的经济效益。

要构建葡萄和谐循环肥力生态体系，必须改变我国大部分葡萄园土壤耕作制度，即由长期、广泛应用的清耕除草制逐渐向生草制过渡，在葡萄园行间种植绿肥或间作，将绿肥作物或间作物视为葡萄园一部分进行规范化管理，包括施肥、灌水、病虫防治、播种和刈割或收获等，使之最大限度地服务于葡萄生产。

我国大田生产中一直提倡秸秆还田措施，即把不宜直接作饲料的秸秆（玉米秸秆、高粱秸秆等）直接或堆积腐熟后施入土壤中的一种方法。实践证明，秸秆还田具有促进土壤有机质及氮、磷、钾等含量的增加；提高土壤水分的保蓄能力；改善植株性状，提高作物产量；改善土壤性状，增加团粒结构等优点，增肥增产作用显著，一般可增产 5%～10%。

与之相对应的果树枝梢还园（田）在我国刚刚起步，这其中固然有果树枝梢较坚硬不易粉碎操作、担心病虫害传播、重茬问题等原因，也存在认识上的问题。在发达国家，如美国葡萄生产中，葡萄枝蔓还园已成常规措施，果农将修剪下的葡萄枝蔓放于行间，随即用枝蔓粉碎机就地粉碎，碎屑散于地面，以后随土壤旋耕耕作进入土壤中，碎屑逐年腐烂、养分分解，释放回归土壤。

葡萄枝蔓相对来说比较松软，粉碎也稍容易些，因此果树的枝梢还园可以先从葡萄园做起。限于适用的果园机械的缺乏，不便在葡萄园直接操作，可以将枝蔓集中起来，利用固定的粉碎机进行枝蔓粉碎，然后再还园，还园方式可以结合有机肥的堆沤和施用进行。

葡萄枝蔓还园时一定要选择在生长健康、病虫害发生较少的葡萄园进行，以防止病虫害的累积加重，同时在制定施肥方案时应考虑到枝蔓还园的效应。

（三）葡萄土肥水管理技术要点

1. 土壤管理

葡萄园深翻可促进土壤团粒结构的形成，增加土壤微生物含量与活动，从而可提高土壤肥力，因此在新建园的几年中，在深挖栽植沟和深施基肥逐渐扩大栽植沟的基础上，每年应沿栽植沟向外进行深翻，以改良土壤。北方可在采果后结合秋施基肥进行，或在葡萄出土上架后，结合清理地面进行，深翻时就注意尽量少伤大根系。

应大力提倡起垄栽培。我国北方果树栽培多有修树盘的习惯，方便树下管理和浇水，树盘沿行向伸展。葡萄株距较小，株间树盘相连，浇水后形成一条沟，实际上树是栽在沟中。到了雨季，雨水大时过多的水分会积聚在行内，轻者因过多的水分刺激枝梢旺长，

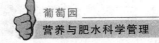
二次梢过多，架面郁闭，果实着色差，树势不平衡等现象发生，严重时造成涝害。而采用起垄栽培，可一定程度上防止其发生。方法是沿行向，在距葡萄树干两边各 40 厘米处取土，向行内培垄，内高外低，注意不要埋树干。在垄外侧形成一条小沟，在生长季早期需要浇水时，可以通过此沟进行，水分可渗入树下根系集中分布区；在雨季则主要利用此沟进行排水，防止树下水分积集，排出多余的水分，保持树体水分平衡。

有条件的葡萄园一定要及时改变土壤耕作制度，即由清耕法为主改为行间生草法，不断培肥土壤，改善葡萄园生态环境，利于机械化操作，为省工、省力、高效、优质栽培创造条件。

在葡萄园行间可以进行间作，充分利用土地空间，增加经济收入。一般适宜在葡萄园间作的植物有花生、黄豆、马铃薯、甘薯等。注意间作物应与葡萄保持一定距离，以免影响葡萄的生长发育。

2. 施肥

葡萄是多年生植物，每年从土壤中吸收大量的营养物质，需要通过适当施肥补充来保证葡萄能够及时、充分地获得所需养分，使植株生长健壮，提高产量和品质。

正如书中前面所述，葡萄对营养要求是多种多样的，其中最主要的是氮、磷、钾、铁、硼等元素。而在众多营养元素中，适时、适量施用氮肥是施肥方案中最重要的，只有在合理的氮肥施用前提下其他肥料施用才有可能取得应有的效果。

葡萄园基肥以秋施为主，最好在秋季葡萄采收后施入，也可在春季葡萄出土上架后进行。基肥以腐熟的有机肥为主，盛果期葡萄园每 667 米^2 可施入 5 000 千克。施入方法可采用穴施、沟施或撒施结合深翻，施肥后注意及时灌水。

葡萄园追肥一般用速效性肥料，可在萌芽期、新梢迅速生长期、果实膨大期、浆果成熟期施入。葡萄生长前期追肥以氮肥为主，中、后期以磷、钾肥为主。应开浅沟在葡萄根系分布区域施入，覆土后立即灌水。

除土壤追肥外，也可进行叶面喷肥。常用的叶面喷肥为0.1%～0.3%的硼酸、硼砂、硫酸锌、尿素、磷酸二氢钾等。

3. 灌水与排水

葡萄是需水量较多的果树，叶面积大，蒸发量大，如果土壤中水分不能及时满足葡萄生长发育需要，会对产量和品质造成影响。一般在生长前期缺水，会造成新梢短、叶片和花序小、坐果率低；在浆果迅速膨大初期缺水，往往对浆果的继续膨大产生不良影响，即使过后有充足的水分供应，也难以使浆果达到正常大小。在果实成熟期轻微缺水，可促进浆果成熟和提高果实含糖量，但严重缺水则会延迟成熟，并使浆果颜色发暗，甚至引起果实日灼。但如果水分过多，常造成植株新梢旺长，树体遮阴，通风透光不良，枝条成熟度差，尤其是在浆果成熟期水分过多，常使浆果含糖量降低，品质较差，而此时土壤水分的剧烈变化还会引起裂果。

葡萄园灌水方案应根据葡萄年生长周期中需水规律、栽培区域气候条件、土壤性质、栽培方式、葡萄园间作等来确定。一般可参考以下几个主要的时期进行灌水。

（1）出土后至萌芽前　葡萄出土上架需要对土壤操作，增加土壤水分散失，许多地区结合葡萄出土施用有机肥、掺入适量化量，因此一般出土后需要对葡萄园进行一次灌水。此次灌水可促进萌芽整齐，萌发后新梢生长快，这次灌水亦称为催芽水。注意此次灌水要求一次灌透，如果在此期间多次灌水会降低地温，不利于萌芽。

（2）花序出现至开花前　一般在开花前一周进行，可为葡萄开花、坐果创造良好的水分条件，缓解开花与新梢生长对水分需求的矛盾。

（3）浆果膨大期　从花后一周至果实着色前，依降水情况、土壤类型、土壤含水量等进行2～3次灌水。此期灌水有利于浆果迅速膨大，对增产有显著效果。果实采收前应适当控水，遇降水较多要及时排水，以提高果实品质，有利糖分积累和着色。

（4）采收后　由于果实采收前适当的控水，果实采收后树体往往表现水分胁迫现象，叶片趋于衰老，因此在果实采后应立即灌水一次，可与秋施基肥结合进行。此次灌水有利于延迟叶片衰老，提高叶片光合性能，从而有利于树体贮藏养分积累，枝条和冬芽充分成熟。

（5）埋土防寒前　葡萄在冬剪后埋土防寒前应灌一次透水，可使土壤充分吸水，有利于植株安全越冬。

目前我国葡萄生产上主要仍采用漫灌方式灌水，以后应积极提倡滴灌、喷灌、微喷、小管出流等节水灌溉方式。

葡萄园长期积水会出现涝害，因此除考虑不在低洼地建园外，还应在葡萄园设置排水沟等排水系统。一般应保证能使葡萄园积水在2天内排完，当遇强降水，自然排水不能消除地表大量积水时，应立即用抽水机械将园内积水人工排出。

主 要 参 考 文 献

高祥照，申朓，郑义，等.2002.肥料实用手册 [M]. 北京：中国农业出版社.

贺普超.1999.葡萄学 [M]. 北京：中国农业出版社.

何平安，李荣.1999.中国有机肥料养分志 [M]. 北京：中国农业出版社.

江涛.2012.常用微生物肥料的种类与应用 [J]. 农家参谋（种业大观）(1)：30.

刘立新.2008.科学施肥新思维与实践 [M]. 北京：中国农业科学技术出版社.

毛知耘.1997.肥料学 [M]. 北京：中国农业出版社.

孙祖琰，丁鼎治.1990.河北土壤微量元素研究与微肥应用 [M]. 北京：农业出版社.

王荫槐.1992.土壤肥料学 [M]. 北京：中国农业出版社.

杨淑玺.2011.果园微肥咋施用 [J]. 农家参谋（9）：16.

岳忠兴，吕欣安.2004.沼气肥的优点与使用技术 [J]. 中国农村小康科技（9）：22.

张志勇，邱海龙，张勇峰，等.2003.叶分析在葡萄营养诊断及施肥中的应用 [J]. 中外葡萄与葡萄酒（5）：17－21.

Marx E S，Hart J，Stevens R. 1996. Soil Test Interpretation Guide [M]. EC 1478. Oregon State University Extension Service，USA.

James Travis，Noemi Halbrendt，Bryan Hed，et al. 2003. A Practical Guide to the Application of Compost in Vineyards－Fall 2003 [M]. Penn State University，USA.

Peter Christensen. 2002. Monitoring and Interpreting Vine Mineral Nutrition Status for Wine Grapes [C] // Proceedings of the Central Coast Wine Grape Seminar，Salinas California，USA.

Tony Somers and Leo Quirk. 2007. Grapevine Management Guide，2007－2008 [M]. The State of New South Wales－NSW Department of Primary Industries，Australia.

图书在版编目（CIP）数据

葡萄园营养与肥水科学管理／杜国强，师校欣编著
．—北京：中国农业出版社，2013.11（2019.6重印）
（最受欢迎的种植业精品图书）
ISBN 978-7-109-18497-8

Ⅰ.①葡…　Ⅱ.①杜…②师…　Ⅲ.①葡萄栽培-肥
水管理　Ⅳ.①S663.1

中国版本图书馆CIP数据核字（2013）第251526号

中国农业出版社出版
（北京市朝阳区农展馆北路2号）
（邮政编码100125）
责任编辑　张　利

中农印务有限公司印刷　新华书店北京发行所发行
2014年1月第1版　2019年6月北京第3次印刷

开本：880mm×1230mm　1/32　印张：2.75　插页：2
字数：68千字
定价：10.00元
（凡本版图书出现印刷、装订错误，请向出版社发行部调换）

缺氮症状

缺钾症状

缺氮症状

发生缺素症的单株，多与
根系问题有关

缺铁症状，中间绿色叶为
由其他株摘来的正常叶

缺铁叶片喷施铁微肥后叶片恢复情况

缺镁症状

行间生草

行间间作花生

起垄栽培　　　　　　　　　　　　　叶面喷肥

修剪

粉碎的枝蔓

葡萄枝蔓粉碎机

枝叶还园